Aktienanalyse und Unternehmensbewertung
Schnelleinstieg

Michael Janzen

Aktienanalyse und Unternehmensbewertung

Schnelleinstieg

Praktische Methoden und Strategien für Privatanleger

mitp

Bibliografische Information der Deutschen Nationalbibliothek
Die Deutsche Nationalbibliothek verzeichnet diese Publikation in der Deutschen Nationalbibliografie; detaillierte bibliografische Daten sind im Internet über http://dnb.d-nb.de abrufbar.

Bei der Herstellung des Werkes haben wir uns zukunftsbewusst für umweltverträgliche und wiederverwertbare Materialien entschieden.
Der Inhalt ist auf elementar chlorfreiem Papier gedruckt.

ISBN 978-3-7475-0823-7
1. Auflage 2024

www.mitp.de
E-Mail: mitp-verlag@lila-logistik.de
Telefon: +49 7953 / 7189 - 079
Telefax: +49 7953 / 7189 - 082

Lektorat: Katja Völpel
Korrektorat: Jürgen Benvenuti
Covergestaltung: Christian Kalkert
Bildnachweis: peterschreiber.media/stock.adobe.com
Satz: Petra Kleinwegen
Druck: Plump Druck & Medien GmbH, Rheinbreitbach

Inhalt

Einleitung

Dieses Buch soll ein Appell an die Eigenverantwortung und eine Gegenstimme zur sogenannten »Investmentpornografie« sein.

Der hiermit betraute Anleger wird verstehen, dass reißerische Börsenbriefe der Unterhaltung dienen und mit den Emotionen der Leser spielen. Angst und Gier werden hier bedient. Finanziell sinnvolle Ratschläge findet man beim Studieren dieser Schriften jedoch selten. Stattdessen wird dort der nächste »heiße Geheimtipp« publik gemacht.

Wer rational anlegen möchte, sollte seine Zeit lieber in eigene Analysen investieren und Geschäftsberichte anstelle solcher Schriften studieren. Damit dies sinnvoll erfolgen kann, möchte ich in diesem Buch den rationalen und risikobewussten Anleger in Ihnen wecken.

Sie sollen lernen, den allgegenwärtigen Marktlärm auszublenden und sich stattdessen fundamental mit einem Unternehmen zu beschäftigen. Dabei sollen Sie sich nicht wie jemand fühlen, der sich überlegt, einen Wettschein im Wettbüro zu kaufen. Sie sollen sich als werdender Teilhaber eines Unternehmens verstehen. Der Aktienkauf ähnelt an dieser Stelle dem Kauf einer Immobilie. Nur dass Sie nicht die Bausubstanz und Lage begutachten, sondern Faktoren wie die Stabilität und Rentabilität analysieren. Schließlich wollen Sie Investor und kein Glücksspieler sein.

Aber nicht nur die rationale Analyse gehört zur Eigenverantwortung, sondern auch das Risiko ist Teil hiervon. Dieses bleibt selbst bei der besten Analyse bestehen und es gibt keinen Garanten, der einen vor Verlusten schützt. Man kann sein Risiko lediglich auf ein sinnvolles Maß minimieren. Da ohne Risiko jedoch keine Rendite möglich ist, sollte dieses stets mit Würde getragen werden. Und wenn man seine Investitionen kennt und das damit verbundene Risiko einschätzen kann, ist dies auch eine bewältigbare Aufgabe. Eine hochrentable Vollkasko-Anlagestrategie wurde leider noch nicht erfunden.

Wenn Sie jedoch rational und unternehmerisch denken, werden Sie auch ohne diese Strategie souverän an der Börse agieren können.

Arbeiten mit diesem Buch

Dieses Buch dient nicht der einfachen Vermittlung theoretischen Wissens. Es versteht sich viel mehr als Werkzeugkasten, der verwendet werden möchte. Denn nur so kann der gewünschte Lerneffekt erzielt werden.

Aus diesem Grund empfiehlt es sich, dieses Buch konzentriert und mit Stift und Papier zu lesen. Auf diese Weise können Notizen gemacht und Rechnungen nachvollzogen werden.

Auch ist es stets sinnvoll, die gelernten Verfahren und Kennzahlen an weiteren Unternehmen zu üben, um sicher im Umgang zu werden. Hierzu können auch die vorhandenen Beispiele in den jeweiligen Jahresabschlüssen nachgeschlagen und nachvollzogen werden.

Auf die zum Download verfügbaren Excel-Vorlagen sollte erst nach der Lektüre zurückgegriffen werden, um zunächst die Grundlagen zu erlernen. Das zum Lesen parallele, eigene Erstellen einer Excel-Vorlage bietet sich hingegen an.

Hinweis: Keine Anlageempfehlung

Dieses Buch dient ausschließlich der Wissensvermittlung und stellt keine Anlageempfehlung dar. Alle Aussagen geben lediglich die Meinungen und Ansichten des Autors wieder und sollen nicht als Empfehlung zum Kauf oder Verkauf einzelner Wertpapiere angesehen werden. Es wird keine Haftung für entstandene Vermögensschäden übernommen. Es wird nicht für die Richtigkeit der enthaltenen Informationen garantiert.

Kapitel 1
Die Grundlagen

1.1 Der Grundstein: Was sind Aktien?

Damit sich jeder in das Thema »Aktienanalyse und Unternehmensbewertung« gleichermaßen einarbeiten kann, muss zunächst der Grundstein gelegt werden. Hierfür ist die Erklärung der wichtigsten Begriffe von zentraler Bedeutung. Um uns dem Thema Aktienanalyse zu nähern, müssen wir zunächst verstehen, was Aktien überhaupt sind.

Aktien sind Wertpapiere, die Anteile börsennotierter Unternehmen darstellen. Mit dem Kauf einer Aktie werden Sie somit zum Miteigentümer einer Aktiengesellschaft. Hiermit gehen in der Regel gewisse Rechte einher. Beispielsweise ist man zur Teilnahme an der Hauptversammlung berechtigt und erhält ein Stimmrecht. Je nach Aktienart gibt es hier jedoch Ausnahmen:

Einige Unternehmen, wie zum Beispiel die Sixt SE, haben verschiedene Arten von Aktien ausgegeben. Bei Sixt kann man Stammaktien und Vorzugsaktien erwerben.

Während **Stammaktien** mit einem Stimmrecht einhergehen und damit zum Beispiel bei Unternehmensübernahmen gefragter sind, haben **Vorzugsaktien** kein Stimmrecht. Dafür ist die Dividende bei Vorzugsaktien höher. Auch im Aktienkurs gibt es oft Abweichungen zwischen Stamm- und Vorzugsaktien, obwohl der Anteil am Unternehmen gleich ist.

Einige Unternehmen unterscheiden auch in A- und B-Aktien.

Bei der **Dividende** handelt es sich um eine Form der Gewinnausschüttung an die Aktionäre. Bei der Auszahlung erhalten die Aktionäre einen festgelegten Betrag je Aktie gutgeschrieben. In der Regel sinkt infolge der Dividendenausschüttung der Aktienkurs um die Höhe der Dividende je Aktie, da dieser Betrag dann nicht mehr im Unternehmen vorhanden ist.

Der **Aktienkurs** ist der aktuelle Preis einer einzelnen Aktie an der Börse. Dieser wird durch Angebot und Nachfrage gebildet und unterliegt einer ständigen Schwankung. Diese Schwankung wird auch oft als **Volatilität** bezeichnet.

Der Aktienkurs allein sagt jedoch nicht aus, ob eine Aktie teuer oder günstig bewertet ist. Hierfür muss eine Bewertung des zugrunde liegenden Unternehmens erfolgten.

Die **Börse** ist ein Marktplatz, an dem Waren, Wertpapiere, Rohstoffe, Devisen oder Ähnliches reguliert gehandelt werden können. Beim Thema Aktien ist hierbei die Wertpapierbörse gemeint. Die weltweit größte Wertpapierbörse ist die New York Stock Exchange an der Wall Street. Wertpapierbörsen sind an Handelszeiten gebunden.

Um als Privatperson an der Börse Wertpapiere, wie Aktien, handeln zu können, benötigt man einen sogenannten **Broker**. Dies ist ein Börsenmakler, der gegen eine Gebühr Wertpapierorder durchführt, also im Auftrag kauft oder verkauft. Früher waren dies natürliche Personen. Heute erfolgt der Kauf digital und ohne persönlichen Kontakt mithilfe von Onlinebrokern. Diese ermöglichen einen sicheren und kostengünstigen Handel über das Internet.

Nach dem Kauf von Aktien verwahrt man diese in einem **Wertpapierdepot**. Früher wurden die Wertpapiere physisch ausgehändigt und sicher im Depot verwahrt. Heute erfolgt dies in der Regel digital beim jeweiligen Onlinebroker.

1.2 Wie hängt der Aktienkurs mit dem Unternehmen zusammen?

Bevor wir in die Analyse gehen, müssen wir verstehen, wie der Aktienkurs mit dem dahinterstehenden Unternehmen zusammenhängt.

Das hinter einer Aktie stehende Unternehmen wirtschaftet mit seinem zur Verfügung stehenden Kapital. Dieses besteht aus Eigenkapital und Fremdkapital. Das Eigenkapital wurde in der Regel zu einem großen Teil durch erwirtschaftete Gewinne, die Ausgabe von Aktien an die Aktionäre im Rahmen des Börsengangs oder andere Kapitalmaßnahmen eingesammelt.

Bei einem profitablen Unternehmen fallen durch die wirtschaftliche Tätigkeit Gewinne an und im Optimalfall liegt auch ein Gewinnwachstum vor.

Nun kann das Unternehmen die Gewinne an die Aktionäre ausschütten oder einbehalten. Durch das Einbehalten steigert es seinen eigenen Wert, da nun mehr Kapital im Unternehmen vorhanden ist. Dieses Kapital kann dann beispielsweise für Investitionen genutzt werden, um die Produktivität zu steigern. Auch die wachsenden Gewinne erhöhen den Unternehmenswert, da hierdurch zukünftig mit höheren Geldflüssen gerechnet werden kann.

Diese Wertsteigerung wird am Markt erkannt. Die Marktteilnehmer sind nun bereit, mehr für die Anteile des Unternehmens zu bezahlen, und der Aktienkurs steigt durch die wachsende Nachfrage. Somit passt sich der Preis dem inneren Wert des Unternehmens an. Die realwirtschaftliche Wertschöpfung eines Unternehmens hat damit einen maßgeblichen Einfluss auf den Verlauf des Aktienkurses.

Da die Aktienkurse aber auch die Zukunftserwartungen einpreisen, schwanken die Kurse zusätzlich in Abhängigkeit von der aktuell vorherrschenden Erwartungshaltung am Markt. Somit kann auch ein solide wirtschaftendes Unternehmen Kursverluste erleiden, wenn die Stimmung am Markt pessimistisch ist.

1.3 Warum sollte man selbst Unternehmen bewerten?

1.3.1 Bringt das Bewerten Vorteile?

Jetzt wissen Sie, was Aktien sind und wie man diese kaufen kann. Die Frage nun ist, welche Aktien man kaufen sollte. Wie in jeder Anlageklasse gibt es auch hier Einzelwerte, die sich besser oder schlechter entwickeln als andere. Da unser Ziel bei der Aktienauswahl eine möglichst hohe Rendite zu einem adäquaten Risiko ist, möchten wir besonders sichere und rentable Unternehmen in unser Portfolio aufnehmen, die auch noch günstig bewertet sind. Können wir diese jedoch wirklich mit unserer Analyse erkennen?

Die Markteffizienzhypothese geht davon aus, dass der Markt alle frei verfügbaren Informationen im Aktienkurs bereits eingepreist hat. Dies hätte zur Folge, dass jegliche Bewertungen überflüssig wären, da ein zufällig zusammengestelltes Portfolio die gleiche Chance auf eine Über- oder Unterrendite hätte wie ein sorgfältig zusammengestelltes Portfolio.

Burton Malkiel (Professor an der Princeton University) behauptete in seinem Buch »A Random Walk Down Wall Street« sogar, dass ein Affe mit Dartpfeilen, die er auf den Aktienteil einer Zeitung werfe, professionelle Fondsmanager renditetechnisch schlagen könne. Und wenn nicht einmal professionelle Anleger den Zufall (oder den Affen) schlagen können, wie ist dies dann für einen Privatanleger möglich?

Zunächst sollte man die Problematik bei aktiv gemanagten Fonds verstehen. Diese haben in der Regel höhere Kosten als ein zufällig zusammengestelltes Portfolio aus Einzelaktien oder ein ETF. Dies belastet die Rendite.

ETFs

ETFs (**E**xchange **T**raded **F**unds) sind Finanzprodukte, die die Wertentwicklung eines Indexes oder eines Markts abbilden sollen.

Zeitgleich müssen mathematisch bedingt 50% aller Anleger besser und 50% schlechter als der Markt abschneiden, da der Markt die Summe aller Akteure ist. Da bei den Fondsmanagern aber noch die bereits angemerkten Kosten hinzukommen, schaffen es diese häufig nicht, den Markt zu übertreffen.

Zudem haben Fonds Anlagekriterien, die zum Beispiel bestimmte Märkte oder Unternehmensgrößen ausschließen oder eine gewisse Diversifikation fordern. Solche Kriterien schließen teilweise interessante Anlageoptionen aus und eine hohe Diversifikation von Einzelwerten führt durch die geringe Gewichtung der einzelnen Unternehmen dazu, dass sich die Rendite der Marktrendite annähert.

Diese Probleme hat man als Privatanleger nicht. Man kann sich in allen Märkten bewegen und hat deutlich geringere Kosten. Das verschafft dem Privatanleger einen Vorteil gegenüber den professionellen Fondsmanagern und hebt ihn schon mal auf eine Stufe mit dem Affen, macht ihn aber aus Sicht der Markteffizienzhypothese noch nicht besser im Hinblick auf unsere Aktienauswahl.

Würde man der Markteffizienzhypothese glauben, könnte man den Gesamtmarkt nun mit einem kostengünstigen ETF abbilden und sich mit der langfristig durchschnittlichen Gesamtmarktrendite von ca. 7% pro Jahr begnügen, da ein besseres Abschneiden Zufall wäre.

Hinweis

Diese 7% stellen hier nur das langfristige Mittel dar. In den einzelnen Jahren und Marktphasen kann es stets zu starken Abweichungen kommen.

Dies würde durch die breite Streuung die branchen- und unternehmensspezifischen Risikofaktoren eliminieren, sodass nur noch das Marktrisiko bestehen bleiben würde. Durch diesen ganzheitlichen Ansatz hätte man die Nase gegenüber dem Großteil der Fondsmanager aufgrund der geringeren Kosten vorn.

Da wir aber auch den Markt schlagen möchten, schauen wir uns die Markteffizienzhypothese nun etwas genauer an.

Die Markteffizienzhypothese ist nämlich, wie der Name schon sagt, lediglich eine Hypothese, zu der es zahlreiche Gegenmeinungen gibt, die von ineffizienten bis irrationalen Märkten ausgehen. Hierzu zählen unter anderem erfolgreiche Investoren wie Warren Buffett und sein Mentor Benjamin Graham. Sie gehen davon aus, dass die Kursbewegungen am Aktienmarkt häufig von Angst und Gier getrieben werden, wodurch es zu Übertreibungen nach oben und unten kommt.

Beispiel: Buffetts Überrendite

Warren Buffett hat es über 50 Jahre hinweg geschafft, mit der gezielten Auswahl von Einzelaktien eine durchschnittliche Rendite von 20% pro Jahr zu erwirtschaften.

Besonders gut zeigen sich diese emotionsgetriebenen Kursbewegungen wiederkehrend durch Spekulationsblasen und Crashs an der Börse. Dabei können einzelne Unternehmen, Branchen oder fast der gesamte Markt betroffen sein.

Hierbei entsteht eine Diskrepanz zwischen dem Preis einer Aktie und dem dahinterstehenden Wert. Dies stellt eine Fehlbewertung dar, welche es einem Anleger ermöglicht, Aktien zu einem günstigen Preis zu erwerben und die eigene Rendite dadurch langfristig zu erhöhen.

Häufig sind solche Unterbewertungen dadurch bedingt, dass die Preise, also die Aktienkurse, im Krisenfall stärker fallen als der Wert der jeweiligen Aktien. Es erfolgt also eine zu starke Einpreisung der negativen Ereignisse.

Ein Beispiel für eine Übertreibung nach oben wäre die Dotcom-Blase Anfang der 2000er-Jahre. Dieser durch Gier und einen Herdentrieb angefeuerte Hype um Internetfirmen ließ viele Investoren in bereits stark überbewertete Aktien investieren.

Ein weiteres Beispiel wäre der Anstieg der GameStop-Aktie 2021. Die Aktie ist damals in kurzer Zeit von 20 US$ auf rund 480 US$ angestiegen. Grund hierfür waren die Massenkäufe von Privatanlegern, die sich zuvor über ein Reddit-Forum zum Kauf verabredet hatten. Das Ziel war es, Hedgefonds Verluste zuzufügen, die zuvor auf einen fallenden Aktienkurs bei der GameStop-Aktie spekuliert hatten.

Ein Beispiel für eine durch Angst befeuerte Übertreibung nach unten wäre der Corona-Crash 2020. Hier waren sogar Unternehmen von Kursverlusten betroffen, die realwirtschaftliche Vorteile aus der Situation gezogen hatten, wie zum Beispiel Amazon.

Bei den oben genannten Beispielen handelt es sich um relativ ausgereifte Märkte und größere Unternehmen mit vielen Analysten und institutionellen Investoren. Dennoch gibt es auch hier noch ineffiziente Vorgänge im Markt und irrationale Kursbewegungen, was gegen die Markteffizienzhypothese spricht.

Schaut man in Schwellenländer oder auf kleine und unbeachtete Unternehmen mit einer geringen Kapitalisierung, wird man feststellen, dass Informationen dort deutlich später verarbeitet werden. Dort gibt es deutlich häufiger solch ineffiziente Vorgänge, was es einfacher macht, eine Unterbewertung ausfindig zu machen.

Und genau hier liegt der Mehrwert der eigenen Unternehmensbewertung. Man kann nach genau solchen Fehlbewertungen suchen und diese mittels der eigenen Aktienanalyse identifizieren, bevor der Markt die Fehlbewertung feststellt und behebt. Zeitgleich schützt die eigene Bewertung auch vor Blasen, da potenziell überbewertete Aktien hierdurch erkannt werden können.

Und auch wenn die Markteffizienzhypothese ein interessantes und berechtigtes Modell ist, sehen wir in der Praxis immer wieder irrationale Vorgänge am Aktienmarkt, woraus sich der Anwendungsbereich für unsere Bewertungen ergibt.

1.3.2 Warum nicht fremden Analysen vertrauen?

Nachdem wir die Vorteile der Aktienbewertung an sich erörtert haben, kann man sich nun fragen, warum man nicht einfach auf fremde Analysen aus dem Internet oder auf Börsenbriefe zurückgreifen sollte.

Dagegen sprechen gleich mehrere Gründe. Um den Rahmen nicht zu sprengen, beschränken wir uns hier auf die wichtigsten:

Hinter diesen Fremdanalysen steckt häufig eine finanzielle Motivation. In der Regel möchten die Ersteller Reichweite generieren und den Leser unterhalten. Der Leser soll nicht das Gefühl haben, den »nächsten großen Trend« zu verpassen. Dementsprechend werden riskantere und spannendere Aktien vorgestellt. Häufig werden dabei stets dieselben, »populären« Werte angepriesen und Nebenwerte ignoriert, da diese langweilig sind und die populären Aktien eine höhere Nachfrage in der Zielgruppe aufweisen.

Diese Informationsblase führt dazu, dass es sich dabei um genau beobachtete Unternehmen handelt, was Unterbewertungen sehr unwahrscheinlich macht. Häufig wird stattdessen an einen bestehenden Hype (z.B. KI, Lithium, E-Mobilität etc.) angeknüpft und zyklische Investitionen werden empfohlen. Dies befeuert Spekulationsblasen und die Leser solcher Analysen sind tendenziell diejenigen, die am Ende des Aufschwungs einsteigen und den gesamten Abschwung miterleben dürfen, denn zu Beginn einer Kursrallye, wo solche Unternehmen tatsächlich noch ein echter Geheimtipp wären, werden sie selten im großen Stil besprochen.

Auch haben einige Börsenbriefe eine so große Reichweite, dass diese durch ihre Empfehlungen Einfluss auf den Kursverlauf kleiner Aktienunternehmen haben können. Hier besteht die Gefahr von Kursmanipulationen und der Vorteilsnahme durch die Empfehlungen.

Auch werden bei solchen Analysen häufig fragwürdige Kriterien herangezogen und die Analysetiefe ist nicht überprüfbar.

Somit bleibt in Anbetracht der bisherigen Ausführungen keine andere Handlungsalternative als das eigenständige Analysieren und Bewerten von Unternehmen, wenn man den Markt mit einer gezielten Auswahl von Einzelaktien schlagen möchte.

1.4 Kann man die Berechnung der Kennzahlen outsourcen?

Viele Kennzahlen zu Unternehmen lassen sich im Internet auf diversen Webseiten finden oder werden sogar vom eigenen Onlinebroker angezeigt. Könnte man sich damit nun das mühselige Berechnen der Kennzahlen ersparen und diese von Drittanbietern fertigberechnet beziehen?

Leider ist dies aufgrund der Uneinheitlichkeit einiger Kennzahlen problematisch. Nehmen wir das KGV als bekannteste Kennzahl, die weiter unten noch mal genauer erörtert wird, als Beispiel.

Das KGV (**K**urs-**G**ewinn-**V**erhältnis = Marktkapitalisierung/Jahresüberschuss) ist zwar in der Berechnung eindeutig definiert, da es den Jahresüberschuss des Unternehmens mit der Bewertung an der Börse (Marktkapitalisierung) ins Verhältnis setzt, jedoch können die zur Berechnung genutzten Zahlen in den verschiedenen Quellen voneinander abweichen.

So gibt es Quellen, die die bereinigten Gewinne für die Berechnung des KGV heranziehen, während andere sich auf die bilanzierten Gewinne beschränken. Bei den bereinigten Gewinnen wurden einmalige Effekte auf den Gewinn herausgerechnet. Zudem macht es einen Unterschied, ob der Gewinn des letzten Jahresabschlusses herangezogen wurde oder der Gewinn der letzten zwölf Monate.

Zudem machen die fehlenden Rechenwege bei einigen Datenanbietern die Deutung der Kennzahlen nicht einfacher.

Dies sind nur einige Fehlerquellen, die die Nutzung fremder Kennzahlen problematisch machen. Die Problematik lässt sich auf weitere Kennzahlen übertragen und macht die eigene Berechnung unumgänglich, da die Abweichungen zum Teil enorm sein können. Auch lassen sich hieran gut die Spielräume einiger Kennzahlen erkennen, was ebenfalls die Nutzung von Drittquellen und Fremdanalysen problematisch macht.

Die sinnvollste Erleichterung bei der Kennzahlenberechnung ist an der Stelle ganz klar Microsoft Excel.

1.5 Welche Sicherheiten gibt mir meine Analyse und welche nicht?

Wenn wir eine Unternehmensbewertung durchführen, versprechen wir uns davon eine gewisse Sicherheit. Vielleicht kamen wir zu dem Ergebnis, dass es sich bei der betrachteten Aktie um ein stabiles und rentables Unternehmen handelt, welches aus unserer Sicht auch noch günstig bewertet ist. Doch plötzlich fällt der Aktienkurs. Wie kann das sein?

Zunächst müssen wir verstehen, dass eine Analyse nie absolute Sicherheit bietet. Aktien bleiben als Anlageklasse mit einem gewissen Risiko verbunden und auch der Totalverlust ist möglich, zumal man nie weiß, welche Ereignisse sich in der Zukunft auf das Unternehmen oder den Markt auswirken werden.

Einen Blick in die Zukunft gewährt uns leider auch die beste Analyse nicht. Das zeigen Fälle wie der Wirecard-Skandal eindrucksvoll.

Das macht unsere Analyse aber noch lange nicht überflüssig. Wir müssen diese eher als Bestandsaufnahme der Vergangenheit und Gegenwart betrachten, mittels derer wir abzuschätzen versuchen, wie das Unternehmen für die Zukunft gewappnet ist. Wir loten damit die Chancen und Risiken aus. Aber genau wie bei einer Wetterprognose können sich Parameter ändern und damit das Gesamtergebnis beeinflussen. Oder wir können uns bei der Interpretation schlichtweg irren.

Damit schützt uns unsere Analyse nicht vor Kursschwankungen, diese bleiben bestehen. Sie kann das Risiko jedoch stark minimieren, da wir überteuerte und marode Unternehmen mit einer höheren Wahrscheinlichkeit bei unserer Aktienauswahl identifizieren und aussortieren können. Somit lassen sich viele vermeidbare Risiken im Vorfeld eliminieren.

Und auch wenn der Kurs mal fällt, muss die Analyse nicht zwangsläufig schlecht gewesen sein. Auch hier kann eine Irrationalität des Markts vorliegen, die eine Unterbewertung durch fallende Kurse weiter verstärkt, bevor es zu einer Erholung kommt. Das soll nicht heißen, dass wir und damit auch unsere Analysen unfehlbar sind, sondern, dass der Preis eines Unternehmens sich weiter von dem inneren Wert eines Unternehmens entfernen kann, bevor er sich langfristig anpasst. Somit ist es auch möglich, dass ein Unternehmen, das überbewertet ist, dennoch weitere Kursanstiege erlebt. Der Markt kann kurz gesagt auch über einen längeren Zeitraum einen anderen Unternehmenswert annehmen als unsere Bewertung. Hierzu gibt es auch ein schönes Zitat von John Maynard Keynes: »Markets can remain irrational longer than you can remain solvent.«

Da wir durch unsere sorgfältige Analyse jedoch die Unternehmen kennen, in die wir investiert sind, können wir Kursschwankungen besser aussitzen, sofern wir weiterhin von dem Unternehmen und unserer Investmenthypothese überzeugt sind. Auf diese Weise können Panikverkäufe vermieden werden, was einer der größten Vorteile eines analysierenden Investors ist. Man bleibt damit handlungsfähig, da man seine eigene Investmenthypothese nicht von den Marktgeschehnissen abhängig macht.

Eine Analyse schützt somit nicht vor kurzfristigen Kursschwankungen und gibt keine absolute Sicherheit, senkt langfristig betrachtet jedoch das Risiko massiv. Man ist in der Lage, sich eine fundierte Meinung zu einem Unternehmen und dessen Bewertung zu bilden, wodurch man entspannter und handlungssicherer auf Kursschwankungen reagieren kann. Auch kann man durch die Analyse das Renditepotenzial einzelner Aktien besser abschätzen.

Hierbei kann auch ein gutes Risikomanagement, wie weiter unten beschrieben, zusätzliche Sicherheit bieten.

Die Option, sich geirrt zu haben, sollte jedoch stets im Hinterkopf behalten werden.

1.6 Die realistische Rendite

Bevor Sie mit falschen Vorstellungen an das Thema Aktienanalyse herangehen, muss erst einmal geklärt werden, was eine realistische Rendite ist.

»Mindestens 865% mit unseren drei Top-Aktien«. Solche und ähnliche Gewinnversprechungen (häufig mit »schiefen« Zahlen, um mathematisch belegbar zu wirken) liest man häufig in Werbeanzeigen oder in Börsenzeitschriften. Diese Versprechungen sind unseriös und sollten ignoriert werden. Zwar gibt es Aktien, die in kurzer Zeit solche Renditen erzielen, jedoch wären das eher Glücksgriffe. Schließlich gibt es auch in regelmäßigen Abständen Lottogewinner. Durch den sogenannten Survivorship Bias kommt es uns lediglich so vor, als wäre dies die Regel, da wir nur von den Erfolgsgeschichten hören und die Fehlschläge in der öffentlichen Wahrnehmung keine Beachtung finden. Zudem werden Sie diese »Superaktien« mit hoher Wahrscheinlichkeit nicht in solchen Anzeigen finden.

Aktien, die wirklich ähnlich hohe Renditen erwirtschaften, gibt es aber tatsächlich zur Genüge. Jedoch tun sie dies in der Regel über viele Jahre oder Jahrzehnte. Mit dem schnellen Geld hat dies wenig zu tun.

Wenn eine Aktie mit einem Aktienkurs von 10 € beispielsweise über 20 Jahre um 10% pro Jahr steigt, liegt der Aktienkurs unter Berücksichtigung des Zinseszinses am Ende bei über 67 €. Das entspricht einer Gesamtrendite von ca. 670%. Kurzfristig von solchen Renditen auszugehen, hat wenig Chancen auf Erfolg und wäre, wie bereits erwähnt, ein Glücksfall. Vor allem in einem diversifizierten Portfolio wird man dies nicht als kurzfristige Gesamtrendite erreichen können.

Um sich ein Bild von realistischen Renditen zu verschaffen, gibt es hier einige Vergleichswerte:

- Langfristig erwartete, durchschnittliche Gesamtmarktrendite: ca. 7%
- Warren Buffetts langfristige Rendite: ca. 20%
- Peter Lynchs Rendite während seiner 13 Jahre beim Fidelity Magellan Fund: ca. 29%

Hierbei ist anzumerken, dass Peter Lynch und Warren Buffett zu den erfolgreichsten Investoren aller Zeiten zählen und diese Werte den langfristigen Durchschnitt darstellen. Und dennoch sind beide weit von den dreistelligen Jahresrenditen mancher Werbeanzeigen entfernt.

Sie sollten sich deshalb eher an der Gesamtmarktrendite orientieren. Selbst wenn Sie diese langfristig um ein oder zwei Prozentpunkte schlagen könnten, wäre dies ein Erfolg, der einen enormen Unterschied machen kann. Vielleicht schaffen Sie ja sogar mehr.

Beispiel: Renditeerwartung

Vergleichen wir zwei Aktienportfolios von 100.000 €, die über 20 Jahre hinweg einen Renditeunterschied von 2% hatten:

Portfolio A hat eine Rendite von 7% p.a. mit breit gestreuten ETFs erzielt.

Portfolio B hat eine Rendite von 9% p.a. mit Einzelaktien erwirtschaftet.

Durch den Zinseszinseffekt hat Portfolio A am Ende der Laufzeit einen Gesamtwert von ca. 387.000 €.

Portfolio B kommt mit nur 2% mehr Rendite auf ca. 560.000 €.

Diese 2% haben am Ende einen Unterschied von 173.000 € ausgemacht.

Die Formel dazu lautet:

$$\text{Endbetrag} = \text{Startkapital} * (1 + \text{Renditeerwartung})^{\text{Jahresanzahl}}$$

Hierbei sollte beachtet werden, dass die Renditeerwartung als Dezimalzahl anzugeben ist, also 0,07 für 7%.

Dies zeigt, dass schon minimale Renditeunterschiede langfristig einen enormen Einfluss haben.

Nun ist noch anzumerken, dass wir hier von langfristigen Durchschnitten sprechen. Der Aktienmarkt ist aber volatil. Das bedeutet, dass es normal ist, dass Sie in einem Jahr bei guter Konjunktur auch mal 30% Rendite erwirtschaften können und in einem anderen Jahr möglicherweise 15% verlieren.

1.7 Chartanalyse oder Fundamentalanalyse?

Viele denken beim Thema Aktienanalyse an die Auswertung von Diagrammen und an das Einzeichnen von Geraden und Formationen in den Graphen eines Aktienkurses. Dieses Vorgehen wird als technische Analyse oder Chartanalyse bezeichnet. Dabei wird versucht, aus dem historischen Verlauf des Kursdiagramms auf den zukünftigen Kursverlauf zu schließen.

Die dahinterstehende Annahme ist, dass Aktienkurse sich in Trends bewegen und sich somit die zukünftigen Kursbewegungen anhand der historischen Bewegungen prognostizieren lassen. Hierfür werden in der Regel markante

Formationen und Auffälligkeiten im grafischen Verlauf eines Aktienkurses gesucht und mithilfe diverser Instrumente gedeutet.

Oft werden Chartanalysen für das Trading, also das kurzfristig orientierte Handeln mit Wertpapieren, genutzt. Hierbei wird die tiefergehende Analyse des dahinterstehenden Werts meist vernachlässigt und man zielt eher auf das Nutzen der kurzfristigen Schwankungen ab. Einige Anleger nutzen diese Methode jedoch auch mit dem Ziel, bessere Einstiegskurse in langfristig ausgelegte Positionen zu erzielen.

Dabei ist die Chartanalyse ein umstrittener Analyseansatz und ihr Nutzen ist nicht wissenschaftlich erwiesen. Durch ihre verbreitete Verwendung wird auch teilweise das Phänomen der selbsterfüllenden Prophezeiung angenommen. Wenn genug Anleger sich nämlich an bestimmten Kursformationen orientieren und entsprechend handeln, wirkt sich dies auf den Kursverlauf aus. Somit wird die eigentliche Ursache für den Kursverlauf durch das kollektive Handeln infolge eines Kurssignals gesetzt und nicht durch das Kurssignal selbst.

Aufgrund der nicht erwiesenen Tragfähigkeit der technischen Analyse, den höheren Kosten durch das vermehrte Handeln und der Untauglichkeit für langfristig orientierte Anleger werden wir uns im weiteren Verlauf mit dem Gegenmodell, der Fundamentalanalyse, beschäftigen.

Die Fundamentalanalyse vernachlässigt im Gegensatz zur technischen Analyse den historischen Kursverlauf einer Aktie und beschäftigt sich stattdessen mit dem Unternehmen an sich. Hier werden vor allem unternehmensinterne, aber auch unternehmensexterne Daten analysiert. Dies ermöglicht langfristige Anlageentscheidungen. Die für die Chartanalyse relevanten, kurzfristigen Bewegungen im Aktienkurs sind hierbei nachrangig.

1.8 Qualität und Preis: Wie ist eine Fundamentalanalyse aufgebaut

Wie der Name »Fundamentalanalyse« schon sagt, möchten wir uns mit dem Fundament einer Aktie, also dem dahinterstehenden Unternehmen, beschäftigen. Dazu unterteilen wir unsere Analyse in drei Bereiche:

- Die quantitative Analyse
- Die qualitative Analyse
- Die Bewertung

Im Rahmen der quantitativen Analyse werden wir uns vornehmlich mit der Zahlenlage des Unternehmens beschäftigen. Hier werden diverse Kennzahlen berechnet und gedeutet. Im Wesentlichen konzentrieren wir uns dabei auf die Rentabilität des Unternehmens und seine finanziellen Risiken.

Zudem werden einige weitere Kennzahlen vorgestellt, die über diese beiden Hauptbereiche hinausgehen.

Die qualitative Analyse betrachtet die Geschäftstätigkeit losgelöst von den Geschäftszahlen. Hierbei wird das Unternehmen an sich und sein wirtschaftliches Umfeld betrachtet. Dabei werden Faktoren wie das Geschäftsmodell, das Management, die Marktposition, externe Risiken und vieles mehr ins Auge gefasst.

Die Ergebnisse der qualitativen Analyse stellen meist die Voraussetzung für eine gute Zahlenlage dar.

Nach diesen Analyseschritten wissen wir, ob es sich um ein solides Unternehmen handelt oder nicht. Wir wissen jedoch nicht, ob das Unternehmen teuer oder günstig bewertet ist.

Hier kommt die Bewertung ins Spiel. Dabei kann unter Berücksichtigung der in den ersten Schritten erlangten Erkenntnisse der faire Wert des Unternehmens ermittelt und mit dem Preis an der Börse verglichen werden.

Dieses Prozedere ist mit dem Kauf eines Autos vergleichbar. Zu Beginn betrachtet man Angaben wie die Leistung, das Alter und den Kilometerstand (quantitative Analyse). Danach betrachtet man den Zustand, also das Fahrverhalten, die Bremswirkung, den Motorzustand etc. Und zum Schluss schaut man, ob der Wagen seinen Preis wert ist (Bewertung).

Auf diese Weise erhält man ein ganzheitliches Bild von dem analysierten Unternehmen.

1.9 Welche Unternehmen liegen in meinem Kompetenzbereich?

Theoretisch kann jedes Unternehmen analysiert werden. Jedoch gibt es einige Unternehmen, die den eigenen Kompetenzbereich überschreiten können oder Unternehmen, für welche die vorgestellten Kennzahlen in Teilen untauglich sind.

Um beurteilen zu können, ob ein Unternehmen im eigenen Kompetenzbereich liegt, muss zunächst verstanden werden, womit dieses sein Geld verdient. Wenn Sie das Geschäftsmodell eines Unternehmens nicht verstehen, ist die Analyse hinfällig, da dann keine validen Ergebnisse herauskommen werden. Das Verständnis des Geschäftsmodells ist nämlich eine zentrale Voraussetzung für die Ausstellung von Prognosen. Die Regel »invest in what you know« stammt hierbei von keinem Geringeren als Waren Buffett.

Bei einem Unternehmen wie beispielsweise der Vonovia SE (Wohnungsbau und Vermietung) sind das Geschäftsmodell und die Produkte relativ gut nachvollziehbar. Das Unternehmen generiert vordergründig Umsätze durch Vermietung.

Wenn wir jedoch auf Hochtechnologieunternehmen schauen, ist für das Verständnis schon eine gewisse technologische Affinität erforderlich.

Aber auch im Bereich der Pharmazie können die Risiken von Investitionen teilweise schwer abschätzbar sein, insbesondere bei kleineren Originalherstellern. Diese Unternehmen entwickeln Medikamente und vertreiben diese für einen definierten Zeitraum patentgeschützt. In diesem Zeitraum müssen sich die Forschungs- und Entwicklungskosten amortisieren, da nach dem Verfall des Patentschutzes Generikahersteller die Wirkstoffe kopieren können. Die Risiken einer scheiternden Zulassung sind für Laien dabei jedoch nur schwer abschätzbar. Zeitgleich kann jedoch ein großer Teil des Unternehmenserfolgs von diesen Zulassungen und dem erfolgreichen Folgevertrieb abhängen.

Somit sollten wir uns zu Beginn einer Aktienanalyse stets fragen, ob wir das Geschäftsmodell des Unternehmens vollständig verstehen und auch dessen Risiken und Entwicklung realistisch abschätzen können. Dabei ist nicht jede technologische Feinheit gemeint, sondern eher das Prinzip an sich und die damit einhergehenden Besonderheiten.

Unternehmen können aber nicht nur aufgrund des komplizierten Geschäftsmodells unseren Kompetenzbereich überschreiten. Unter bestimmten Umständen kann auch die Kennzahlenanalyse zum Problem werden. Dies betrifft insbesondere Banken und Versicherungen.

Diese massiv regulierten Sektoren weisen häufig enorme Bilanzsummen auf und die finanzielle Stabilität und Rentabilität hängen oft geschäftsmodellbedingt von vielen makroökonomischen Faktoren ab, die schwer abschätzbar sind. Dies zeigte zuletzt die Krise der Silicon Valley Bank, die für ein Nachbeben im gesamten Sektor sorgte.

Viele unserer Bilanzkennzahlen sind für solche Unternehmen eher unbrauchbar.

1.10 Value Investing oder Growth Investing

Es gibt auch Unternehmen, deren Geschäftsmodell wir verstehen, die sich aber dennoch nicht ganz einfach bewerten lassen. Gemeint sind damit die sogenannten Growth-Aktien beziehungsweise Wachstumsaktien.

Diese **Wachstumsaktien** sind Unternehmen, die meist noch wenig rentabel bis unprofitabel sind, dafür jedoch ein starkes Wachstum aufweisen. Diese Unternehmen befinden sich noch in ihrer Wachstumsphase und versuchen, Marktanteile zu gewinnen, wofür die Margen teilweise zugunsten der Expansion vernachlässigt werden.

Da nicht immer bekannt ist, wie lange das Wachstum anhalten und wie gut sich die Rentabilität langfristig entwickeln wird, sind solche Unternehmen häufig mit einem etwas höheren Risiko behaftet. Diese etwas spekulative Komponente macht solche Wachstumswerte häufig auch volatiler, also schwankungsanfälliger. Besonders Änderungen des Zinsniveaus haben aufgrund des häufig höheren Kapitalbedürfnisses eine starke Wirkung auf solche Unternehmen.

Wachstumsaktien stellen uns bei der Analyse vor gleich mehrere, aber durchaus bewältigbare Probleme. Insbesondere können wir diese Unternehmen nicht anhand der Cashflows oder Gewinne bewerten, da diese noch nicht vorhanden sind oder sich noch stark verändern werden. Auf diese Weise müssen wir mehr Annahmen treffen, was wiederum eine höhere Fehleranfälligkeit mit sich bringt. Auch machen die fehlenden Einnahmen oder Verluste einige Kennzahlen obsolet.

Dies erschwert unsere Bewertung, bedeutet jedoch nicht, dass wir diese zur Gänze vernachlässigen sollten. Auch Wachstumsaktien haben als Anlageklasse ihre Daseinsberechtigung und sind bewertbar. Da hier in Teilen jedoch andere Maßstäbe gelten, werden deren Besonderheiten in Kapitel 7 näher beschrieben. Für diese werden auch etwas andere Kennzahlen herangezogen als für die sogenannten Value-Aktien.

Das Gegenmodell zu den Wachstumsaktien sind nämlich die **Value-Aktien**, auch Substanzwertaktien genannt. Hierunter versteht man in der Regel bereits profitable Unternehmen mit relativ stabilen und planbaren Cashflows. Dies ermöglicht diesen Unternehmen auch das Ausschütten der Einnahmen an die Aktionäre. Dafür fällt das Wachstum normalerweise etwas niedriger aus.

Diese Unternehmen sind beständiger, was die Bewertung vereinfacht. Auch lassen sich die gängigen Kennzahlen auf sie in der Regel gut anwenden. Darum werden wir uns im Folgenden vorrangig auf diese Unternehmen konzentrieren und das Wissen zu den Wachstumsaktien, wie oben erwähnt, im Rahmen eines gesonderten Kapitels ergänzen.

Des Weiteren ist anzumerken, dass die beschriebenen Kategorien sich nicht völlig klar voneinander abgrenzen lassen. So gibt es auch Unternehmen, die nicht eindeutig einzuordnen sind, da diese sich zwischen den Kategorien bewegen oder sich im Übergang befinden.

Während Coca-Cola zum Beispiel ein klassisches Value-Unternehmen ist, handelt es sich bei Oatly (stand 2023), einem in den letzten Jahren medial sehr präsenten Hafermilchhersteller, um ein klassisches Wachstumsunternehmen, das sich in seiner expansiven Phase befindet. Hier werden Verluste zwecks Wachstums in Kauf genommen.

Wenn wir Tesla betrachten, fällt auf, dass hier noch ein hohes Wachstum vorliegt, das Unternehmen seit 2020 aber schon profitabel wirtschaftet und seine Margen mittlerweile über denen der traditionellen Automobilhersteller liegen. Hier befindet sich ein Unternehmen im Übergang, was eine klare Einordnung erschwert, wobei Tesla im Hinblick auf seine Wachstumsraten noch als Wachstumsunternehmen zu bezeichnen ist.

Man kann nicht genau sagen, ab wann ein Unternehmen zu einem Value-Unternehmen wird. Das ist aber auch nicht weiter problematisch für unsere Zwecke.

1.11 Wo finde ich Informationen?

Bevor wir nun in die Analyse einsteigen können, müssen wir zunächst klären, wo wir die Informationen für unsere Analyse finden.

Hierfür können wir auf diverse Primär- und Sekundärquellen zurückgreifen.

Nachdem man sich gegebenenfalls mittels einer kurzen Internetrecherche einen groben Überblick über das Unternehmen verschafft hat, macht das Aufsuchen der **Investor-Relations-Webseite** des jeweiligen Unternehmens Sinn. Hier veröffentlichen Unternehmen ihre **Jahresabschlüsse**, **Geschäftsberichte**, Quartalszahlen und teilweise **Präsentationen** für die Investoren. Neben den für unsere Kennzahlenanalyse notwendigen Jahresabschlüssen erhalten wir hier wichtige Einblicke in das Unternehmen, Einschätzungen des Managements, Ausführungen zur Unternehmensstrategie und vieles mehr.

Hier ist jedoch ein kritischer Blick notwendig, da in den Präsentationen auch gelegentlich beschönigt wird. Beispielsweise werden häufig die Kennzahlen in den Vordergrund gestellt, die eine positive Darstellung des Geschäftsverlaufs ermöglichen.

Es hilft bei der Betrachtung, wenn man sich nicht nur auf die Erfolge des Unternehmens konzentriert, sondern gezielt nach Schwächen, Problemen und Misserfolgen sucht.

Für viele Unternehmen kann man die relevantesten Daten der Jahresabschlüsse der letzten fünf Jahre zudem tabellarisch aufbereitet auf der **Webseite der Tagesschau** im Wirtschaftsteil einsehen. Dies vereinfacht zwar die Kennzahlenanalyse, birgt aber als Sekundärquelle auch die Gefahr von Übertragungsfehlern. Eine Alternative hierzu wäre auch »**Yahoo Finance**«, wobei dies sich eher für einen ersten Überblick empfiehlt.

Wenn man Informationen zur Branche des Unternehmens oder zur Konkurrenz sucht, ist auch ein Blick in die **Investor-Relations-Webseiten der Mitwettbewerber** sinnvoll.

Aber auch im **Internet** lassen sich häufig relevante Studien und Artikel finden. Unter anderem auf den Seiten von »Our World In Data«, des Statistischen Bundesamtes, des Internationalen Währungsfonds, der Weltbank und der Bundesbank sind **Datenbanken** mit diversen Studien und makroökonomischen Daten vorhanden.

Besonders interessant sind auch die Statistiken von »Statista« oder anderen **Statistikanbietern**. Hier kann man sich beispielsweise einen Überblick über die Umsatzverteilung innerhalb bestimmter Branchen oder das historische Wachstum ausgewählter Märkte verschaffen. Leider sind jedoch nicht alle Statistiken kostenfrei einsehbar und der den Kosten gegenüberstehende Nutzen ist fraglich, da die dort gelieferten Daten oft auch über die weiter oben beschriebenen Quellen kompensiert werden können.

Hilfreich können auch **persönliche Gespräche mit Nutzern von Unternehmensprodukten oder Mitarbeitern** sein. Diese Menschen beschäftigen sich oft viel mit den Produkten oder haben Einblicke in die Unternehmensstruktur und -kultur, die nicht über die Investor-Relations- Seiten nach außen getragen werden.

So kann man beispielsweise seinen IT-affinen Bekannten nach dessen Einschätzung fragen, wenn man die Anbieter von Webseitenbaukästen oder Grafikkarten vergleicht.

Solche Gesprächsoptionen ergeben sich gelegentlich auch durch Zufall. Ich habe vor einiger Zeit einen Teamleiter von SAP bei einem Flug von Oslo nach

Deutschland getroffen. Kurz zuvor hatte ich SAP für mich analysiert. Auch hier war das Gespräch sehr aufschlussreich.

Des Weiteren ist auch eine **telefonische Kontaktaufnahme** mit der Investor-Relation-Abteilung von einigen Unternehmen möglich.

Die Nutzung von Fremdanalysen ist kritisch zu betrachten, da hinter diesen auch finanzielle Interessen stehen können. Auch werden hierbei häufig fragliche Analyseansätze und Bewertungskriterien herangezogen, um vom eigenen Standpunkt zu überzeugen. Der Mehrwert solcher Fremdanalysen liegt maximal im Aufzeigen neuer Blickwinkel auf ein Unternehmen oder als Rückversicherung, ob man bei der eigenen Analyse nicht vielleicht etwas übersehen hat. Fremdanalysen sollten möglichst erst nach der Fertigstellung der eigenen Analyse genutzt werden, um eine Beeinflussung zu vermeiden.

Kapitel 2

Jahresabschlüsse lesen

Der Jahresabschluss ist der Abschluss der Buchführung eines Geschäftsjahrs und gibt Auskunft über das Geschäftsergebnis und das Betriebsvermögen. Hieran kann man den wirtschaftlichen Erfolg eines Unternehmens messen.

Neben den Jahresabschlüssen müssen börsennotierte Unternehmen auch quartalsweise ihre Zwischenergebnisse offenlegen. Unter bestimmten Voraussetzungen kann auch eine gelockerte Berichterstattungspflicht vorliegen, bei der lediglich halbjährlich zwischenberichtet werden muss.

Wenn wir uns im Folgenden den Jahresabschlüssen widmen, sind stets die Konzernabschlüsse gemeint, nicht die Einzelabschlüsse möglicher Mutter- oder Tochterfirmen. Das ist wichtig, da wir mit unserem Aktienkauf einen Teil des Konzerns erwerben.

Der Jahresabschluss stellt die Grundlage unserer Kennzahlenanalyse dar, anhand derer wir das untersuchte Unternehmen quantitativ einschätzen. Wir versuchen, aus ihm alle für uns relevanten Informationen zu filtern und zu deuten. Bevor wir dies jedoch tun können, müssen wir uns erst mal die dafür nötigen Grundlagen des Rechnungswesens aneignen.

2.1 Sind Jahresabschlüsse sicher?

Mittlere und große Kapitalgesellschaften sind in Deutschland dazu verpflichtet, ihre Jahresabschlüsse durch einen Wirtschaftsprüfer auf deren Richtigkeit überprüfen zu lassen. Dies hat zum Ziel, dass die Adressaten des Jahresabschlusses, also unter anderem die Kapitalgeber, diesem vertrauen können. Die erfolgreiche Überprüfung wird durch einen Bestätigungsvermerk bescheinigt.

Aber auch wenn die Überprüfung von Jahresabschlüssen durch externe Wirtschaftsprüfer eine enorme zusätzliche Sicherheit bietet, gab es in der Vergangenheit schon Fälle, in denen es zu Fehlern gekommen ist. Beispielsweise wurden die mutmaßlich gefälschten Bilanzen der Wirecard AG über Jahre durch die Wirtschaftsprüfer von Ernst & Young testiert. Dies führte zu enormen Vermögensschäden bei den Aktionären der Wirecard AG. Mögliche Schadensersatzansprüche der Aktionäre gegenüber dem Wirtschaftsprüfer werden in diesem Fall sogar gerichtlich geprüft (stand 2023). Auch in den USA hat es in der Vergangenheit ähnliche Fälle gegeben, wie etwa Enron und WorldCom.

Bekannte deutsche Wirtschaftsprüfer sind beispielsweise die KPMG AG, die PwC GmbH und die bereits erwähnte Ernst-&-Young-Gruppe. Aber auch in vielen anderen Ländern erfolgen Wirtschaftsprüfungen.

Gleichzeitig gibt es Länder, in denen die Glaubwürdigkeit von Jahresabschlüssen infrage gestellt werden kann. Dies sind meist schlecht entwickelte Länder oder Länder mit einer geringen Rechtssicherheit. Zum Beispiel wird die Sicherheit der Geschäftszahlen chinesischer Unternehmen teilweise angezweifelt. Dies ist ein zu beachtendes Risiko bei Investitionen in Aktien solcher Regionen, wobei das natürlich nicht heißt, dass man diese pauschal aus seinem Portfolio verbannen sollte. Risikobewusstsein ist hier das Stichwort!

2.2 Relevante Bilanzierungsvorschriften

Jahresabschlüsse unterliegen vorgegebenen Bilanzierungsvorschriften. Leider sind diese nicht einheitlich, weswegen es vorteilhaft ist, die groben Unterschiede zu kennen.

Die zwei relevantesten Rechnungslegungsstandards sind die **IFRS** (**I**nternational **F**inancial **R**eporting **S**tandards) und die **US-GAAP** (**U**nited **S**tates **G**enerally **A**ccepted **A**ccounting **P**rinciples).

Die IFRS ist in Europa weitverbreitet und wird auch international von vielen Ländern genutzt, während die USA mit der US-GAAP auf ihren eigenen Standard zurückgreifen. Uns kommt zugute, dass sich diese Bilanzierungsvorschriften immer weiter annähern und bereits jetzt eine hohe Vergleichbarkeit aufweisen.

Besonders fallen die Unterschiede jedoch in der Form auf. Während die US-GAAP auf ein standardisiertes Formblatt mit weniger gestalterischem Spielraum namens 10-K zurückgreift, sind die IFRS gestaltungsfreier.

Aber einige Unterschiede gehen auch über die Form hinaus. So ist es beispielsweise möglich, dass dasselbe Unternehmen bei einem theoretischen Wechsel des Rechnungslegungsstandards einen etwas abweichenden Jahresabschluss vorlegen würde. Unter anderem könnte sich sogar der Gewinn von einem Rechnungslegungsstandard zum anderen etwas unterscheiden. Die Gründe können hierbei zum Beispiel in unterschiedlichen Abschreibungsregelungen oder in der abweichenden Bewertung der Vorräte liegen.

Auch wenn diese Abweichungen für gewöhnlich gering sind, verdeutlicht uns dies, dass Jahresabschlüsse ein Modell der Realität sind und wie jedes Modell Schwächen aufweisen.

Und obwohl diese Unterschiede die Vergleichbarkeit von Jahresabschlüssen verschiedener Rechnungslegungen einschränken, liegt die Differenz in der Regel für unsere Analyse im noch gut verkraftbaren Bereich.

Früher wurden börsennotierte Unternehmen in Deutschland übrigens nach dem Handelsgesetzbuch (HGB) bilanziert und sie werden es teilweise auch heute noch. Diese Bilanzierungsvorschrift hat eine etwas höhere Abweichung zu den oben genannten Bilanzierungsvorschriften als diese untereinander.

So werden Vermögensgegenstände im HGB beispielsweise zu den Anschaffungskosten angesetzt, während die IFRS eine Bewertung zulassen. Dies liegt daran, dass das HGB den Gläubigerschutz als obersten Grundsatz sieht und deswegen konservativer bilanziert, während die IFRS ein möglichst präzises Bild vom Unternehmen aufzeigen möchte.

Schlussendlich lässt sich unsere Analyse aber mit jedem Rechnungslegungsstandard durchführen.

Beispiel: Bilanzierungsvorschriften bei CNH Industrial

Der Landmaschinenhersteller CNH Industrial ist ein gutes Beispiel, um sich die Unterschiede von Jahresabschlüssen nach IFRS und US-GAAP vor Augen zu führen. Da das Unternehmen nämlich sowohl an der New Yorker Börse als auch der Mailänder Börse notiert ist, veröffentlicht es zwei Jahresabschlüsse, einen nach den IFRS und einen nach den US-GAAP.

Die folgende Tabelle vergleicht einige Positionen der Jahresabschlüsse von 2022 miteinander. Für den Überblick empfiehlt es sich jedoch, beide Abschlüsse nebeneinander aufzurufen und für sich abzugleichen. Sie finden diese auf der Investor-Relations-Seite des Unternehmens.

In Mio. US$	IFRS	US-GAAP
Gewinn	1.877	2.039
Eigenkapital	7.559	6.927
Bilanzsumme	40.075	39.381

Beim direkten Vergleich der Bilanz fällt auch auf, dass einige Positionen unterschiedlich zusammengefasst werden. Während der Goodwill (Geschäftswert) im Abschluss nach US-GAAP beispielsweise eigenständig ausgewiesen wird, ist er im Abschluss nach IFRS in den immateriellen Vermögenswerten subsumiert.

2.3 Der Aufbau von Jahresabschlüssen

Die Jahresabschlüsse von kapitalmarktorientierten Kapitalgesellschaften, also den von uns untersuchten Aktienunternehmen, haben in der Regel die folgenden Bestandteile:

- Gewinn- und Verlustrechnung (GuV)
- Kapitalflussrechnung
- Bilanz
- Eigenkapitalveränderungsrechnung
- Anhang

Bevor wir jedoch die einzelnen Teilbereiche des Jahresabschlusses betrachten, ist anzumerken, dass die meisten Unternehmen ihre Geschäftsberichte und damit auch die Jahresabschlüsse auf Englisch veröffentlichen. Teilweise auch zusätzlich (oder nur) in der Landessprache.

Da es allein schon aus Diversifikationsgründen unklug wäre, nur im deutschsprachigen Raum zu investieren, sollten Sie als analysierender Investor ein Grundverständnis der englischen Sprache mitbringen, um in der Lage zu sein, Jahresabschlüsse aus anderen Ländern in den Grundzügen verstehen zu können. Dieses Verständnis im Rahmen dieses Buchs zu vermitteln, würde zwar den Rahmen sprengen, jedoch ist es durchaus sinnvoll, die für unsere Zwecke wichtigsten Begriffe kennenzulernen. Deswegen werden die wichtigsten behandelten Positionen im Folgenden auch ins Englische übersetzt.

Sollten Sie im Jahresabschluss einige Absätze nicht verstehen, können Sie sich durch ein KI-Sprachmodell oder einen Internetübersetzer helfen.

Hinweis

Es ist ratsam, die einzelnen Positionen und Abschnitte eines Jahresabschlusses, begleitend zum Lesen dieses Kapitels, in einem echten Jahresabschluss nachzuschlagen. Hierdurch bekommt man ein erstes Gefühl für das Arbeiten mit Jahresabschlüssen.

Hierzu empfiehlt sich für den Einstieg ein deutscher Jahresabschluss, beispielsweise der von Steico oder der Mercedes-Benz-Group.

2.3.1 Die Gewinn- und Verlustrechnung (income statement)

Die Gewinn- und Verlustrechnung (GuV) ist eine Gegenüberstellung der Erträge und Aufwendungen eines Geschäftsjahrs zur Ermittlung des Konzernergebnisses. Es werden also vom Gesamtumsatz alle vorhandenen Kosten abgezogen, bis nur noch der Gewinn oder der Verlust übrig bleibt.

Dabei werden die veranschlagten Kosten sowie meist auch die Zwischenergebnisse aufgeführt.

Hinweis

Bei Jahresabschlüssen ist zu beachten, dass negative Werte gelegentlich nicht mit einem Minus gekennzeichnet werden, sondern in Klammern stehen.

-7 ist somit das Gleiche wie (7).

Schauen wir uns im Folgenden die einzelnen Positionen der GuV an:

Der Umsatz *(revenue)*

Der Umsatz steht zu Beginn einer Gewinn- und Verlustrechnung. Er ist die Summe aller operativen Einnahmen eines Unternehmens. Hier fließen auch nicht zahlungswirksame Forderungen ein, also Einnahmen, bei denen es noch nicht zu einem Geldfluss gekommen ist.

Vom Umsatz wurden noch keine Kosten abgezogen.

Das Betriebsergebnis/EBIT *(operating income)*

Das Betriebsergebnis wird auch im deutschsprachigen Raum oft als EBIT (**E**arnings **B**efore **I**nterest and **T**axes) bezeichnet. Weitere gängige Bezeichnungen sind »operatives Ergebnis« oder »operativer Gewinn«.

Diese Position beschreibt den Gewinn vor den Zinsen und Steuern.

Beim Sprung vom Umsatz zum EBIT gibt es in der Gewinn- und Verlustrechnung jedoch eine Besonderheit bei der Berücksichtigung der Kosten. Bei der Berechnung des EBIT kann nämlich zwischen zwei Verfahren gewählt werden, welche jedoch zum gleichen Ergebnis führen. Der Unterschied der Verfahren liegt lediglich in der unterschiedlichen Behandlung der Bestandsveränderungen und der Einteilung der Aufwendungen. Ab dem Betriebsergebnis (EBIT) sehen beide Verfahren wieder gleich aus.

Das **Umsatzkostenverfahren** ist das weiter verbreitete Verfahren. Es stellt die Umsatzerlöse den Umsatzkosten gegenüber. Dadurch werden die Kosten nicht ab der Produktion, sondern erst beim Absatz angesetzt.

Hier werden die Aufwendungen normalerweise in die Funktionsbereiche Herstellung, Verwaltung, Vertrieb und sonstige betriebliche Aufwendungen und Erträge unterteilt.

Das **Gesamtkostenverfahren** ist dagegen eine Erfolgsrechnung. Hier werden alle Kosten einer Periode allen Erträgen der Periode gegenübergestellt. Dabei werden auch Bestandsveränderungen oder selbst erstellte Sachanlagen mitberücksichtigt.

Hierbei werden die Aufwendungen nach den Kostenarten aufgegliedert. Dies wären beispielsweise Materialkosten, Personalkosten, Abschreibungen und sonstige betriebliche Aufwendungen.

An sich interessiert uns dieser Unterschied bei unserer Kennzahlenanalyse weniger. Dennoch ist dies wichtig zu wissen, damit man versteht, warum die Gewinn- und Verlustrechnungen verschiedener Unternehmen etwas voneinander abweichen können.

Relevant wird das genutzte Verfahren für uns, wenn wir im weiteren Verlauf einige Aufwandsquoten errechnen möchten. Da einige Aufwendungen, wie zum Beispiel die Personalkosten, nicht in beiden Verfahren ausgewiesen werden, können wir nicht alle Kostenquoten immer anhand der GuV errechnen.

Im Folgenden ist eine Gegenüberstellung der Verfahren bis zum Betriebsergebnis (EBIT) zu sehen:

Umsatzkostenverfahren	Gesamtkostenverfahren
Umsatzerlöse	**Umsatzerlöse**
- Herstellungskosten *(cost of goods sold)*	+ Bestandserhöhungen (z.B. der Vorräte)

Umsatzkostenverfahren	Gesamtkostenverfahren
= **Bruttoergebnis** *(gross profit)*	- Bestandsminderungen
- Vertriebskosten *(selling expenses/ sales and marketing expenses)*	+ aktivierte Eigenleistungen (zur Eigennutzung hergestellte Produkte) *(capitalized self-constructed assets/capitalized internal costs)*
- Verwaltungskosten *(general and administrative expenses)*	+ sonstige betriebliche Erträge
- sonstige betriebliche Aufwendungen *(other operating expenses/miscellaneous operating expenses)*	= **Gesamtleistung**
+ sonstige betriebliche Erträge *(other operating income)*	- Materialaufwand *(cost of materials)*
= **EBIT**	- Personalaufwand *(personnel costs/ labor costs)*
	- Abschreibungen *(depreciation & amortization)*
	- sonstige betriebliche Aufwendungen
	= **EBIT**

Einige der hier genannten Bezeichnungen können je nach Branche, Unternehmenspraxis und Rechnungslegungsstandard etwas variieren. Auch sind einige Positionen gelegentlich weiter aufgeschlüsselt.

So können sich die **Personalkosten** in Lohnkosten und Sozialabgaben aufgliedern und die **Materialkosten** in eingekaufte Leistungen und Roh-, Hilfs- und Betriebsstoffe.

Diese Unterscheidungen sind für uns wenig relevant. Ihnen sollte jedoch bekannt sein, dass Ihnen einige der Positionen gelegentlich unter anderen Namen begegnen könnten.

Abschreibungen sind Wertminderungen, die in der Regel das Anlagevermögen betreffen und dadurch den Gewinn mindern, aber nicht zahlungswirksam sind. Sie können sich das wie den Wertverlust Ihres Automobils vorstellen. Dieses wird durch Abnutzung und Veraltung immer weniger wert, ohne dass Sie Zahlungen tätigen.

Abschreibungen werden nur in der GuV des Gesamtkostenverfahrens aufgeführt. Beim Umsatzkostenverfahren wird diese Position auf die einzelnen Kostenposten verteilt. Oft findet man hier aber im Anhang genauere Informationen zu den Abschreibungen.

In die **sonstigen betrieblichen Aufwendungen und Erträge** fallen Kosten und Erträge, die keinem anderen Aufwands- oder Ertragsposten zugerechnet werden können. Dies können Erträge aus dem Verkauf von Anlagevermögen oder Kosten aus Rechtsstreiten und Vertragsstrafen sein. Auch Gewinne und Verluste aus Währungsschwankungen fallen hier mit hinein.

Eine weitere Kostenposition, die von einigen Unternehmen in der GuV ausgewiesen wird, sind die **Forschungs- und Entwicklungskosten**. Diese Kostenposition ist für uns dahin gehend interessant, da diese Kosten sich tendenziell eher in der Zukunft auszahlen und ein Hinweis auf die Innovationskraft des Unternehmens sein können. Deswegen ist eine Senkung dieser Kostenposition im Gegensatz zu dem meisten anderen nicht zwangsläufig anzustreben.

Zudem sind die Forschungs- und Entwicklungskosten für den aktuell erwirtschafteten Umsatz nicht zwangsläufig notwendig. Dies bedeutet, dass diese Kosten theoretisch heruntergefahren werden könnten, ohne das operative Geschäft direkt einzuschränken.

Beispiel: Metas Forschungs- und Entwicklungskosten

Ein Beispiel für hohe Forschungskosten ist das Unternehmen Meta Platforms (ehemals Facebook). 2022 lagen die F&E-Kosten bei ca. 30% des Umsatzes.

Nach dem EBIT

Ab dem Betriebsergebnis sehen beide Verfahren wieder gleich aus. Im Folgenden ist der Aufbau einer GuV ab dem Betriebsergebnis zu sehen, quasi als Fortführung der vorangegangenen Gegenüberstellung beider Verfahren:

Fortsetzung der GuV
Betriebsergebnis
Finanzaufwendungen + Erträge aus Beteiligungen + Wertpapiererträge + Zinserträge *(interest income)* - Abschreibungen auf Wertpapiere und Finanzanlagen - Zinszahlungen *(interest expense)*
= **Ergebnis vor Steuern** *(EBT)*
Steueraufwand (tax expense) - Steuerzahlungen + mögliche Steuererstattungen
= **Ergebnis nach Steuern (Jahresüberschuss/Verlust)**

Die Finanzaufwendungen

Die Finanzaufwendungen beinhalten die oben genannten Positionen, es müssen aber nicht immer alle vorhanden sein. Wenn wir alle Aufwendungen und Erträge summieren, erhalten wir das **Finanzergebnis**. Wenn es mehr Erträge als Aufwendungen gab, kann dieses auch positiv sein.

Wenn man dieses Finanzergebnis mit dem EBIT verrechnet, erhält man das Ergebnis vor Steuern.

Das Ergebnis vor Steuern/EBT

Das EBT (**E**arnings **B**efore **T**axes) beschreibt den Gewinn vor Steuern. Nach Abzug des Steueraufwandes erhält man den Jahresüberschuss beziehungsweise den Jahresfehlbetrag.

Gewinn oder Verlust/Jahresüberschuss oder Jahresfehlbetrag/Ergebnis *(profit oder loss/net income)*

Der Gewinn ist die Differenz aus dem Umsatz und den Kosten eines Unternehmens, also das, was nach Abzug aller Kosten und der Addition aller Erträge vom Umsatz übrig bleibt. Wenn dieser Wert negativ ist, sprechen wir von einem Verlust.

2.3.2 Die Bilanz (balance sheet)

Die Bilanz beschreibt die Vermögenssituation eines Unternehmens an einem bestimmten Stichtag, dem Bilanzstichtag. Dabei erfolgt eine Gegenüberstellung der Aktiva und Passiva des Unternehmens.

Bei den **Aktiva** handelt es sich um die Vermögenswerte, während die **Passiva** die Vermögensherkunft beschreiben. Die Passiva gliedern sich dabei in Eigenkapital und Fremdkapital (Schulden) auf. Damit zeigt die Bilanz auf, welche Werte sich in einem Unternehmen befinden und wie diese finanziert sind.

Beispiel: Vereinfachte Bilanz

Unternehmer R. besitzt 200 € und leiht sich weitere 100 € von seinem Bruder. Im Anschluss kauft er sich einen Wanderrucksack für 250 €, um einen Rucksackverleih zu eröffnen. 50 € behält er als liquide Mittel (Cash) für mögliche Reparaturen.

Die vereinfachte Bilanz sähe wie folgt aus:

Aktiva	Passiva
Cash: **50 €**	Fremdkapital: **100 €**
Sachanlagen (Rucksack): **250 €**	Eigenkapital: **200 €**

Eine Bilanz muss stets ausgeglichen sein. Das bedeutet, dass die Summe der Aktiva stets der Summe der Passiva entsprechen muss. Diese Summe wird als **Bilanzsumme** bezeichnet.

Unser Rucksackverleih hat damit eine Bilanzsumme von 300 €.

Nun nehmen wir an, dass der Unternehmer R. in einem Geschäftsjahr 400 € Nettogewinn erwirtschaftet, wovon ihm noch 100 € von einem Kunden geschuldet werden.

Vom Gewinn kauft er sich einen weiteren Rucksack für 250 €.

Die Bilanz im neuen Geschäftsjahr sähe wie folgt aus:

Aktiva	Passiva
Cash: **100 €**	Fremdkapital: **100 €**
Forderungen aus Lieferung und Leistung: **100 €**	Eigenkapital: **600 €**
Sachanlagen: **500 €**	

Die Bilanzsumme liegt nun bei 700 €. Würde R. nun seinen Cashbestand zur Tilgung seiner Schulden nutzen, so hätte er danach eine Bilanzsumme von 600 €, da das Geld sein Unternehmen verlassen hätte. In diesem Fall wäre er aber vollständig eigenkapitalfinanziert, also schuldenfrei.

Die einzelnen Positionen der Bilanz können noch genauer als in unserem Beispiel unterteilt und klassifiziert werden.

Die Aktiva eines Unternehmens gliedern sich in Umlaufvermögen und Anlagevermögen.

Das **Anlagevermögen** umfasst den Vermögensanteil, der im Unternehmen zum Geschäftsbetrieb dient und langfristig im Unternehmen verbleibt. Hierzu gehören unter anderem die Sachanlagen, also im obigen Beispiel die Rucksäcke.

Das **Umlaufvermögen** ist der kurzfristig orientierte Anteil des Vermögens. Dazu gehören beispielsweise Vorräte, Bankguthaben und Forderungen.

Das Fremdkapital gliedert sich auf der Passiva-Seite zudem in kurzfristiges und langfristiges Fremdkapital auf. Während das **kurzfristige Fremdkapital** eine Endfälligkeit von unter einem Jahr hat, liegt die Endfälligkeit des **langfristigen Fremdkapitals** bei über einem Jahr.

Schauen wir uns nun einmal an, aus welchen Positionen eine vollständige Bilanz besteht. Dazu ist im Folgenden der tabellarisch dargestellte Aufbau einer Bilanz mit den wichtigsten Positionen zu sehen, unterteilt in Aktiva und Passiva:

Aktiva	Passiva
Anlagevermögen *(non-current assets)* Immaterielle Vermögenswerte *(intangible assets)* Sachanlagen *(property, plant and equipment)* Finanzanlagen *(financial assets)*	**Fremdkapital** *(liabilities)* 1. Langfristiges Fremdkapital *(long-term liabilities/current liabilities)* Langfristige Finanzverbindlichkeiten *(long-term borrowings/debts)* sonstiges langfristiges Fremdkapital 2. Kurzfristiges Fremdkapital *(short-term liabilities non-current liabilities)* Verbindlichkeiten aus Lieferung und Leistung *(accounts payable/trade payables)* Kurzfristige Finanzverbindlichkeiten *(notes payable/short-term borrowings)* Sonstiges kurzfristiges Fremdkapital
Umlaufvermögen *(current assets)* Vorräte *(inventoriers)* Forderungen aus Lieferungen und Leistungen *(accounts receivable/trade receivables)* Zahlungsmittel und Zahlungsmitteläquivalente *(cash and cash equivalents)*	**Eigenkapital** *(shareholfders equity)*

Nun ist anzumerken, dass der Aufbau je nach Rechnungslegung variieren kann. Während das deutsche Handelsgesetzbuch (HGB) eine klare Gliederung vorsieht, sind in der Rechnungslegung nach der IFRS lediglich Mindestanforderungen an die Gliederung der Bilanz gerichtet.

So werden uns in einer Bilanz nach HGB in der Regel auch Rechnungsabgrenzungsposten und passive latente Steuern auf der Passiva-Seite begegnen.

Diese Positionen werden in der folgenden Betrachtung jedoch aufgrund ihrer mangelnden Relevanz für unsere Zwecke vernachlässigt.

Betrachten wir nun die für uns relevanten Positionen einer Bilanz.

Die immateriellen Vermögenswerte

Immaterielle Vermögenswerte sind wirtschaftliche Ressourcen ohne physische Substanz, wie beispielsweise Marken, Patente, Urheberrechte, Kundenlisten und Geschäftsgeheimnisse.

Ein Beispiel für einen immateriellen Vermögenswert ist die Coca-Cola Formel. Aber wie viel ist die Coca-Cola Formel wert? Hier wird auch die Problematik dieser Position sichtbar, nämlich der Spielraum bei der Schätzung solcher Werte.

Auch der **Goodwill** wird unter den immateriellen Vermögenswerten subsumiert und ist der Aufpreis, den ein Unternehmen bei der Übernahme eines anderen Unternehmens auf dessen Vermögensgegenstände zahlt. Diese Position wird bei der Berechnung des Goodwillanteils im weiteren Verlauf relevant. Der Goodwill wird häufig gesondert ausgewiesen. In deutschen Abschlüssen wird diese Position gelegentlich als »Geschäfts- oder Firmenwert« bezeichnet.

Sachanlagen

Hierbei handelt es sich um physische Vermögenswerte, die für den langfristigen Geschäftsbetrieb bestimmt sind. Das können Immobilien, Maschinen oder Fabriken sein.

Finanzanlagen

Unter die Finanzanlagen fallen Wertpapiere, die zum dauerhaften Verbleib im Unternehmen bestimmt sind. Sie werden im Anlagevermögen aufgeführt.

Diese sind nicht mit den operativ nicht benötigten Wertpapieren im Umlaufvermögen zu verwechseln.

Vorräte

Dazu gehören Rohstoffe, unfertige Erzeugnisse und fertige Waren, die für den Verkauf oder die Produktion bestimmt sind.

Forderungen aus Lieferung und Leistung

Diese Position beschreibt die Forderungen gegenüber den Kunden des Unternehmens. Wenn die Forderungen nicht vollständig eingezogen werden können, kann es zu Abschreibungen in diesem Bereich kommen. Sollte diese

Position also sehr groß sein, sollte man sich im Anhang des Jahresabschlusses über einen möglichen Verzug der Forderungen informieren, um mögliche Abschreibungen in der Zukunft abschätzen zu können.

Zahlungsmittel und Zahlungsmitteläquivalente

Hierunter fallen der Kassenbestand eines Unternehmens und schnell liquidierbare Wertpapiere. Diese Position zählt zu den liquiden Mitteln.

Nicht erfasst werden hier langfristig im Unternehmen gehaltene Wertpapiere. In Bilanzen nach dem HGB werden die Wertpapiere als eigene Position im Umlaufvermögen aufgeführt.

Langfristige Finanzverbindlichkeiten

Die langfristigen Finanzverbindlichkeiten beschreiben alle zinstragenden Verbindlichkeiten mit einer Laufzeit von über einem Jahr.

Verbindlichkeiten aus Lieferung und Leistung

Hierbei handelt es sich um ausstehende finanzielle Verpflichtungen des Unternehmens gegenüber seinen Lieferanten und Dienstleistern. Diese sind im Gegensatz zu den kurzfristigen Finanzverbindlichkeiten jedoch zinsfrei.

Kurzfristige Finanzverbindlichkeiten

Die kurzfristigen Finanzverbindlichkeiten beschreiben alle zinstragenden Verbindlichkeiten mit einer Laufzeit von unter einem Jahr.

Das Eigenkapital

Das Eigenkapital in einer Bilanz, auch *Buchwert* genannt, repräsentiert den Anteil des Unternehmens, der den Eigentümern beziehungsweise den Aktionären zusteht. Es entspricht dem Wert aller Vermögenswerte (Summe Aktiva) nach Abzug des Fremdkapitals.

Das Eigenkapital hat im Gegensatz zum Fremdkapital keine Endfälligkeit und es werden keine Zinsen fällig. Die Rendite auf das Eigenkapital richtet sich hierbei nach den Gewinnen des Unternehmens und steht den Aktionären zu.

In der Bilanz gliedert sich das Eigenkapital wie folgt auf:

- Gezeichnetes Kapital: Das von den Eigentümern eingezahlte Kapital
- Gewinnrücklagen: Die kumulierten und im Unternehmen einbehaltenen Gewinne
- Kapitalrücklagen: Beträge, die aus Kapitalmaßnahmen wie Kapitalerhöhungen stammen

- Aktueller Jahresüberschuss oder Fehlbetrag
- Sonstige Bestandteile, wie Währungsumrechnungsdifferenzen

Wenn ein Unternehmen eigene Aktien kauft, führt dies zu einer Minderung des Eigenkapitals, weswegen diese Käufe als Negativposten verbucht werden.

Im Übrigen kann das Eigenkapital auch negativ sein. Dies ist aber ein schlechtes Zeichen und bedeutet, dass die Schulden eines Unternehmens die Vermögenswerte übersteigen. Hier besteht die Gefahr der Insolvenz, wenn kein neues Kapital beschafft werden kann oder die Profitabilität nicht absehbar ist.

Die Minderheitenanteile/nicht beherrschenden Anteile *(noncontrolling interests)*

Hierbei handelt es sich um die Anteile einzelner Großaktionäre oder Gruppen, die jedoch nicht die absolute Mehrheit an dem Unternehmen halten. Der Gewinn, der den Minderheitenanteilen zusteht, wird in der Regel auch in der GuV ausgewiesen.

Nicht bei jedem Unternehmen müssen Minderheitenanteile zwangsläufig vorhanden sein.

2.3.3 Die Kapitalflussrechnung (cash flow statemant)

Die Kapitalflussrechnung, auch Cashflow-Rechnung genannt, gibt an, wie viel Geld dem Unternehmen in einer Periode ab- oder zugeflossen ist. Hier werden nur zahlungswirksame Ein- und Auszahlungen erfasst, also reale Geldflüsse. Buchgewinne werden hingegen nicht berücksichtigt.

Damit ist die Kapitalflussrechnung von zentraler Bedeutung für die Einschätzung der langfristigen Liquidität und Zahlungsfähigkeit eines Unternehmens. Schließlich lassen sich mit Buchgewinnen keine Schulden tilgen oder Waren einkaufen. Aber auch die Dividenden sind hiervon abhängig.

Beispiel: Der Einfluss des Cashflows auf die Liquidität

Wenn ein Händler alle seine Waren verkauft, erzielt dieser Gewinne. In der GuV würde dies nach einem guten Geschäftsjahr aussehen.

Nun werden seine Waren jedoch nicht fristgerecht bezahlt. Damit folgen auf die Buchgewinne keine Zahlungen. Es kommt somit zu einem Liquiditätsengpass bei dem Händler und er kann keine neuen Waren einkaufen.

Dadurch muss er seine Geschäftstätigkeit vorübergehend einstellen oder einen Kredit aufnehmen, bis seine Forderungen beglichen sind.

Zeitgleich fährt er Verluste durch seine laufenden Fixkosten (Lagerhalle etc.) ein.

Hier wird deutlich, welche Bedeutung der Kapitalflussrechnung zukommt.

Die Kapitalflussrechnung lässt sich in drei Bereiche untergliedern, die in Summe die Veränderung des Kassenbestandes widerspiegeln:

1. Cashflow aus der laufenden Geschäftstätigkeit/operativer Cashflow *(operating cash flow/cash flow from operating activities)*
2. Cashflow aus Investitionstätigkeiten *(investing cash flow/cash flow from investing activities)*
3. Cashflow aus Finanzierungstätigkeiten *(finanzing cash flow/cash flow from financing activities)*

Der operative Cashflow (OCF)

Diese Position beschreibt den Geldmittelzufluss aus dem laufenden Geschäft, also wie viele tatsächlich geflossene Barmittel das Unternehmen durch seine operative Geschäftstätigkeit ausgegeben oder eingenommen hat.

Der operative Cashflow lässt sich mit zwei Methoden berechnen, der direkten Methode über den Umsatz und der indirekten Methode über den Jahresüberschuss. Da die direkte Methode einige Angaben benötigt, die uns im Jahresabschluss nicht zwangsläufig zur Verfügung stehen, schauen wir uns die indirekte Methode an.

Die Formel dazu sieht wie folgt aus:

$$\text{OCF} = \text{Jahresüberschuss} - \text{nicht zahlungswirksame Erträge} + \text{nicht zahlungswirksame Aufwendungen}$$

Dabei sind die nicht zahlungswirksamen Erträge und Aufwendungen mit dem entsprechenden Vorzeichen aus der Tabelle ablesbar:

Nicht zahlungswirksame Erträge	Nicht zahlungswirksame Aufwendungen
- Zuschreibungen	+ Abschreibungen
- Verringerung von Rückstellungen	+ Erhöhung der Rückstellungen
- Zunahme von Vorräten	+ Abnahme der Vorräte
- Zunahme der Forderungen aus Lieferung und Leistung	+ Abnahme der Forderungen aus Lieferung und Leistung
- Abnahme der Verbindlichkeiten aus Lieferung und Leistung	+ Zunahme der Verbindlichkeiten aus Lieferung und Leistung
- Ausgaben aus außerordentlichen Posten	+ Einnahmen aus außerordentlichen Posten
- sonstige nicht zahlungswirksame Erträge	+ sonstige nicht zahlungswirksame Aufwendungen

Die in der Tabelle aufgeführten Zu- und Abnahmen sind gegenüber dem Vorjahr zu betrachten.

Der Cashflow aus Investitionstätigkeiten

Diese Position ergibt sich aus den Investitionstätigkeiten des Unternehmens.

Investitionen (-) führen hierbei zu Geldabflüssen und Desinvestitionen (+) zu Geldzuflüssen. Die Summe hiervon ist der Cashflow aus Investitionstätigkeiten. Wenn die Investitionen höher sind als die Desinvestitionen, ist der Wert somit negativ.

Wenn die Desinvestitionen höher sein sollten, sollte geprüft werden, warum Anlagevermögen veräußert wird und ob dies die zukünftige Geschäftstätigkeit beeinträchtigen könnte. Hierfür empfiehlt sich ein Blick in den Anhang des Jahresabschlusses.

Der Cashflow aus Finanzierungstätigkeiten

Wenn ein Unternehmen Kredite tilgt oder Zinsen zahlt, verlassen Gelder das Unternehmen. Wenn ein Unternehmen hingegen Kredite aufnimmt, stellt dies einen Geldzufluss dar. Die Summe solcher Finanzierungszuflüsse und -abflüsse ist der Cashflow aus den Finanzierungstätigkeiten.

Beispiel: Steicos-Cashflow aus Finanzierungstätigkeiten 2022

Finanzierungstätigkeit	In Mio. €
+ Einzahlungen aus der Aufnahme von (Finanz-)Krediten	35,0
- Auszahlungen aus der Tilgung von (Finanz-)Krediten	-13,8
- Gezahlte Zinsen	-1,6
- Gezahlte Dividenden an Gesellschafter des Mutterunternehmens	-5,6
= Cashflow aus der Finanzierungstätigkeit	= 14

Hier ist ein Beispiel für den Cashflow aus Finanzierungstätigkeiten von Steico, einem deutschen Dämmstoffhersteller, aus dem Jahresabschluss 2022 zu sehen. Daraus ist zu entnehmen, dass dem Unternehmen ca. 14 Mio. € durch Kreditaufnahmen nach Abzug der Zinsen, Tilgungen und Dividenden zugeflossen sind.

Der dahinterstehende Grund ist Steicos hoher negativer Cashflow aus den Investitionstätigkeiten von ca. -88 Mio. €.

Dieser übersteigt den operativen Cashflow von ca. 66 Mio. €, was zu einem negativen Free Cashflow von ca. -22 Mio. € führt. Dieser Betrag muss gegenfinanziert werden. Dies geschieht hier durch die Verwendung liquider Mittel und durch Kreditaufnahmen. Die Veränderung der liquiden Mittel weist Steico in der Kapitalflussrechnung unter »IV Finanzmittelfonds« aus. Die Kreditaufnahmen können aus der obigen Tabelle entnommen werden.

Bei den Investitionen fallen vor allem die hohen Investitionen in Sachanlagen auf. Diese liegen bei ca. 85 Mio. €.

Im Lagebericht (unter Abschnitt B III 4. »Liquiditätslage«) werden der Aufbau eines neuen Produktionsstandorts in Polen und Investitionen in neue Fertigungsanlagen für Holzfaserdämmstoffe als Gründe für die hohen Sachinvestitionen genannt.

Zum besseren Verständnis der Kapitalflussrechnung empfiehlt es sich, dieses Beispiel in der Kapitalflussrechnung von Steico nachzuschlagen und eigenständig nachzuvollziehen.

Der Free Cashflow (FCF)

Der Free Cashflow ist kein offizieller Teil der Kapitalflussrechnung. Dies ist der Betrag, der dem Unternehmen am Ende des Geschäftsjahrs zur freien Verfügung steht. Hiermit können Schulden getilgt oder Ausschüttungen an die Aktionäre vorgenommen werden. Da dem Free Cashflow im weiteren Verlauf noch eine zentrale Rolle zukommt, wird dieser bereits hier eingeführt. Er wird wie folgt berechnet:

$$\text{FCF} = \text{operativer Cash Flow} + \text{Cashflow aus Investitionstätigkeiten}$$

Beispiel: Free Cashflow

Verkürzte Kapitalflussrechnung »Unternehmen A«	In Mio. €
Operativer Cashflow	20
Cashflow aus Investitionstätigkeiten	-5

Wenn wir die Werte aus der Tabelle summieren, erhalten wir für das Unternehmen A einen Free Cashflow von 15 Mio. €, da der Cashflow aus Investitionstätigkeiten ein negatives Vorzeichen aufweist (d.h. Investitionen > Desinvestitionen).

Diese Geldmittel wurden in der aktuellen Periode erwirtschaftet und stünden in der Theorie den Eigenkapitalgebern, also den Aktionären, zu.

2.3.4 Die Eigenkapitalveränderungsrechnung

Die Eigenkapitalveränderungsrechnung beschreibt die Veränderung des Eigenkapitals innerhalb des Geschäftsjahrs. Faktoren, die Einfluss auf das Eigenkapital haben können, sind zum Beispiel erwirtschaftete Gewinne, Dividendenzahlungen, Aktienrückkäufe oder die Bildung von Rücklagen.

2.3.5 Der Anhang

Der Anhang dient der Erläuterung der GuV und Bilanz. Hier werden die Bilanzierungs-, Bewertungs- und Konsolidierungsmethoden erläutert.

Dabei erfüllt der Anhang vornehmlich drei Funktionen:

1. *Die Interpretationsfunktion* dient der Erklärung einzelner Positionen der Bilanz und GuV.

2. *Die Ergänzungsfunktion* soll zusätzliche und damit nicht in der GuV oder Bilanz vorhandene Informationen liefern.
3. *Die Entlastungsfunktion* soll die Bilanz und GuV zugunsten der Übersichtlichkeit entlasten, indem Informationen in den Anhang verlagert werden.
4. Darüber hinaus informiert der Anhang über relevante Themen wie
   - Gewinnverwendung
   - Verbindlichkeiten (Zinssatz, Fälligkeit etc.)
   - Steueraufwand
   - Segmentberichterstattung
   - Etc.

Fälligkeitsstruktur und Zinssatz

In Zeiten steigender Zinsen kann hieran beispielsweise abgelesen werden, für wie lange ein Unternehmen sich einen günstigen Zinssatz gesichert hat oder ob es sich bald teuer mit neuen Krediten eindecken muss. Hier kann auch abgelesen werden, wie viel ein Unternehmen in den nächsten zwölf Monaten tilgen muss. Dies lässt Rückschlüsse auf die Liquidität des Unternehmens zu, wenn man den Wert mit dem Kassenbestand und dem Kapitalfluss des Unternehmens vergleicht.

Beispiel: Aroundtown

Aroundtown ist ein Immobilienunternehmen mit dem Schwerpunkt auf Gewerbeimmobilien. Immobilienunternehmen reagieren häufig stark auf Zinsänderungen, da hier gern mit einem Fremdkapitalhebel (Verwendung von Fremdkapital zur Erhöhung der Eigenkapitalrendite) gearbeitet wird.

Als 2022 und 2023 die Zinsen und Zinserwartungen gestiegen sind, machte sich dies stark im Kurs der Aktie bemerkbar. Auch Liquiditätsängste spielten hier vermutlich mit hinein. An dieser Stelle wäre ein Blick in die Fälligkeitsstruktur des Unternehmens zur Abschätzung dieses Risikos sinnvoll gewesen.

Im Jahresabschluss 2022 lassen sich im Anhang unter dem Punkt »26.3.3 Liquidity risk« Angaben zur Laufzeit der Verbindlichkeiten finden.

In der folgenden Tabelle sind die Fälligkeiten von Aroundtown zum Stichtag 31.12.2022 tabellarisch aufbereitet:

Fälligkeit in	Höhe der Schulden in Mio. €
Unter 2 Monaten	77
2–12 Monate	431,8
1–2 Jahre	704
2–3 Jahre	2.772,1
Mehr als 3 Jahre	14.371,3
Gesamtschuld	18.356,2

Wenn man diese Schulden nun mit Aroundtowns Cashbestand von 2.305,4 Mio. € vergleicht, wird klar, dass die Fälligkeiten der nächsten zwei Jahre sicher durch liquide Mittel abgedeckt sind. Auch die Fälligkeiten des dritten Jahrs sind zum Teil mit abgedeckt.

Wenn man die laufenden Cashflows konservativ geschätzt berücksichtigt, dann kann davon ausgegangen werden, dass das Unternehmen auch darüber hinaus noch liquid sein wird.

Bei dieser Betrachtung muss auch angemerkt werden, dass das Unternehmen Teile seines Immobilienbestandes liquidiert hat, um unter anderem die Schuldenlast zu senken und die Liquidität zu erhöhen.

Die Segmentberichterstattung

Die Segmentberichterstattung ist zwar ein integraler Bestandteil des Anhangs, wird hier jedoch wegen ihrer Relevanz gesondert behandelt.

Die Segmentberichterstattung stellt eine Aufschlüsselung der finanziellen und betrieblichen Informationen nach den einzelnen Geschäftsbereichen dar. Sie soll damit einen Überblick über die Performance und die Risiken der einzelnen Segmente geben. Diese Segmente können nach Produktgruppen, Regionen oder anderen Kriterien unterteilt sein.

Diese Segmentierung ermöglicht es uns zu ermitteln, welche Geschäftsbereiche möglicherweise besonders rentabel oder defizitär wirtschaften. Dies ist insbesondere im Rahmen der qualitativen Analyse interessant.

Hierbei sollte jedoch beachtet werden, dass einige Unternehmen Handel zwischen den Segmenten betreiben. Dieser Umsatz zwischen den Segmenten kann das Bild einzelner Segmente verzerren, da hier möglicherweise mit sehr geringen Margen verkauft wird, womit einige Segmente zugunsten anderer Segmente unrentabler wirtschaften. Auch ist es möglich, dass einige Segmente Verwaltungsaufgaben für andere Segmente übernehmen, was zu einer Kosten- und damit auch Gewinnverschiebung führen kann.

Auf der Ebene des Konzernabschlusses heben sich diese Effekte gegenseitig auf.

2.4 Der Geschäftsbericht

Der Jahresabschluss, wie er oben beschrieben wurde, ist in der Regel ein Bestandteil des Geschäftsberichts. Der Geschäftsbericht ist im Gegensatz zum Jahresabschluss jedoch nicht verpflichtend für Unternehmen.

Weitere Bestandteile des Geschäftsberichts sind für gewöhnlich der Lagebericht, der Bericht des Aufsichtsrats, die Entsprechungserklärung zum Corporate Governance (Verhaltenskodex für Vorstände und Aufsichtsräte) und der Bestätigungsvermerk des Wirtschaftsprüfers. Aber auch Briefe an die Aktionäre oder Nachhaltigkeitsberichte können implementiert sein.

Für uns ist hier der **Lagebericht** von besonderem Interesse. Dieser soll über die wichtigsten Entwicklungen im Unternehmen informieren und gibt meist eine Prognose für das Folgejahr ab.

Hieraus können unter anderem Informationen zur Auftragslage, zu Forschungs- und Entwicklungstätigkeiten, Investitionen und besonderen Ereignissen entnommen werden.

Jedoch ist anzumerken, dass die Prognosen des Managements kritisch zu betrachten sind. Es kann aufschlussreich sein zu überprüfen, ob die Prognosen in der Vergangenheit erreicht werden konnten oder revidiert werden mussten. Dies lässt Rückschlüsse auf die Glaubwürdigkeit des Managements zu.

2.5 Der Umgang mit Zwischenberichten

Jahresabschlüsse werden einmal im Jahr veröffentlicht. Wenn wir einen Jahresabschluss neun Monate nach dessen Erscheinen betrachten, ist dieser nicht mehr die aktuellste Informationsquelle, die uns zur Verfügung steht, wenn auch die umfangreichste. Der Markt hat zu diesem Zeitpunkt bereits neue Informationen und auch wir sollten neben dem Jahresabschluss zusätzlich den aktuellsten Zwischenbericht betrachten. Das kann der Halbjahresbericht oder ein Quartalsbericht sein.

Wir können den Zwischenbericht nutzen, um abzuschätzen, ob unsere Annahmen bei der Bewertung realistisch sind und die aktualisierten Gewinnprognosen des Managements einfließen lassen.

Die Zwischenberichte sollten zudem mit den entsprechenden Zwischenberichten des Vorjahrs verglichen werden (z.B. Quartal 1 (Q1) 2020 mit dem Q1 2019), um die Entwicklung des Unternehmens abschätzen zu können. Oft wird dieser Vergleich mit den Zahlen aus dem entsprechenden Vorjahreszeitraum bereits in den Zwischenberichten aufgeführt.

Zudem können wir unsere Kennzahlen aktualisieren. Dabei macht es Sinn, bei einigen Kennzahlen den Istzustand, also eine Momentaufnahme, zu berechnen.

Beispielsweise kann das Kurs-Gewinn-Verhältnis nicht nur für den Gewinn des letzten Jahresabschlusses berechnet werden, sondern für die letzten zwölf Monate. Dies ermöglicht eine deutlich genauere Einschätzung.

Des Weiteren weisen Zwischenberichte auf aktuelle Probleme hin oder geben Einblicke in den Geschäftsverlauf.

Aber die Zwischenberichte können nicht nur interessant für unsere Erstanalyse sein. Wenn wir ein Unternehmen mit bestimmten Annahmen bewertet haben und weiterhin beobachten, können wir anhand der Zwischenberichte abschätzen, ob der Geschäftsverlauf unseren Erwartungen entspricht und gegebenenfalls entsprechende Anpassungen an unserer Bewertung vornehmen.

2.6 Legale Jahresabschlussmanipulation

Anfang der 2000er-Jahre haben die Bilanzmanipulationsskandale von Enron und WorldCom die Finanzwelt erschüttert. Dabei wurden mithilfe von illegalen Tricks die Gewinne künstlich aufgebläht.

Aber auch im legalen Rahmen ist es möglich, die eigenen Zahlen ein wenig aufzuhübschen, ohne dabei gegen die geltenden Rechnungslegungsstandards zu verstoßen. Diese legalen Möglichkeiten der Manipulation sind eher als Auslegungsspielräume zu verstehen – selbstverständlich bei Weitem nicht so weitreichend wie die illegalen Praktiken in den oben erwähnten Beispielen. Sie können jedoch die Gewinnqualität und Bilanzstabilität eines Unternehmens ein wenig schmälern.

Solche legalen Aufhübschungen sind für Ihre Analysen natürlich unvorteilhaft, da Sie Ihre Bewertungsannahmen teilweise aus den gegebenen Daten der Jahresabschlüsse ableiten.

Beispiele für solche Manipulationsmöglichkeiten sind das Buchen noch nicht realisierter Umsätze, die Verschiebung von Kosten in spätere Perioden, das zu hohe Ansetzen des Goodwills oder immaterieller Vermögenswerte und die Nutzung einmaliger Sondereffekte, um den Gewinn augenscheinlich zu erhöhen. Aber auch noch einige weitere Möglichkeiten existieren.

Als Motivation für solche Aufhübschungen kann einerseits die Wirkung auf den Kapitalmarkt genannt werden. Schließlich ist das Management eines Unternehmens als Angestellter der Aktionäre zu verstehen, welchen das Unternehmen letzten Endes gehört. Auch können die Boni des Managements vom Erreichen finanzieller Ziele abhängig sein. Andererseits könnte auch versucht werden, ein bestimmtes Risikoprofil beim Unternehmen zu wahren.

Leider ist das Enttarnen solcher Praktiken nicht immer einfach und erfordert eine gewisse Kenntnis des Unternehmens. Dennoch gibt es einige Anzeichen, wie das Anschwellen des Goodwills oder der Vorräte, was auf eine zu hohe Bewertung der Positionen hindeuten könnte und zukünftige Wertberichtigungen zur Folge hätte.

Da eine lückenlose Aufarbeitung dieses Themas für unsere Zwecke jedoch eine nachrangige Relevanz aufweist und den Rahmen dieses Kapitels sprengen würde, verweise ich Interessierte an dieser Stelle auf externe Literatur. So hat beispielsweise Professor Messod Beneish den sogenannten Beneish M Score entwickelt, mit dessen Hilfe das Erkennen von Jahresabschlussmanipulationen vereinfacht werden soll. Lediglich das Erkennen von einmaligen Sondereffekten soll hier thematisiert werden.

2.6.1 Einmalige Sondereffekte mit Wirkung auf die Gewinnqualität

Das Erkennen einmaliger Sondereffekte auf den Gewinn lässt Rückschlüsse auf die Gewinnqualität zu und ermöglicht es uns, die GuV zu bereinigen.

Solche Sondereffekte können dabei sowohl beabsichtigt herbeigeführt werden, um die Zahlen zu schönen, als auch zufälliger Natur sein.

Als typische Sondereffekte können die Wechselkurseffekte genannt werden. Diese sind schwer prognostizierbar und sollten als einmalig eingestuft werden.

Ähnlich verhält es sich mit außerplanmäßigen Abschreibungen. Diese sind ebenfalls nicht von dauerhafter Natur.

Auch Veräußerungsgewinne beziehungsweise Veräußerungsverluste, die durch den Verkauf von Vermögenswerten erzielt worden sind, sollten als einmaliger Sondereffekt klassifiziert werden. Hierbei ist anzumerken, dass es theoretisch denkbar ist, dass ein Management gezielt Vermögenswerte verkaufen könnte, bei denen es Veräußerungsgewinne erwartet mit der Zielrichtung, die Gewinnerwartungen zu erfüllen. Ein solches Vorgehen wäre sicherlich kritisch zu bewerten und zeigt, wie wichtig der Fokus auf den operativen Anteil der Gewinne ist.

Aber auch eine starke Senkung nicht operativ notwendiger Kosten ist zu überprüfen. So können beispielsweise die Forschungs- und Entwicklungskosten vorübergehend gesenkt werden, um die Gewinne zu stabilisieren, da die Auswirkungen dieser Einsparungen vermutlich erst mittel- oder langfristig Auswirkungen auf den Umsatz haben werden. Dies wäre ein schlechtes Zeichen, da hierbei das Erreichen kurzfristiger Ziele gegenüber der langfristigen Entwicklung priorisiert werden würde.

Zudem können unterlassene oder aufgeschobene Ersatzinvestitionen ein Mittel zur Aufhübschung der Gewinne und vor allem der Free Cashflows sein. Dies führt zu geringeren Abschreibungen und kann beispielsweise die Finanzierungskosten senken. Auch dies wäre kritisch zu werten, ist für Sie als Privatanleger jedoch relativ schwer zu überprüfen.

Des Weiteren können Übernahmen den Anschein eines organischen Gewinnanstiegs erwecken. Hier sollte geprüft werden, ob neue Akquisitionen einen relevanten Anteil des Gewinns ausmachen oder ob das Unternehmen das Wachstum aus eigener Kraft generieren konnte.

Ähnlich verhält es sich bei der Auflösung von Rückstellungen. Wenn diese nämlich gebildet werden, belastet dies den Gewinn, wogegen die Auflösung zu einem späteren Zeitpunkt diesen wieder erhöht. Eine solche Erhöhung des Gewinns ist jedoch nicht nachhaltig und sollte als Sondereffekt angesehen werden.

Selbst Neubewertungen vorhandener Vermögenswerte und Änderungen von Rechnungslegungsvorschriften können einen gewissen Einfluss auf die GuV haben.

Nun haben Sie hoffentlich eine gewisse Vorstellung der diversen Einflussfaktoren auf die Gewinnqualität. Diese Aufzählung möglicher Sondereffekte und Aufhübschungsoptionen ist zwar nicht abschließend, zeigt jedoch eindrücklich die Notwendigkeit einer Jahresabschlussbereinigung in bestimmten Fällen.

Dabei kann schon ein Blick auf die Entwicklung des Gewinns helfen, um mögliche Unregelmäßigkeiten zu erkennen, aber vor allem sollten die Erläuterungen der entsprechenden Positionen überprüft werden.

Kapitel 3

Die quantitative Analyse: Jahresabschlüsse systematisch auswerten

Nun sind Sie in der Lage, Jahresabschlüsse zu lesen und die darin enthaltenen Positionen zu verstehen. Jetzt wollen wir aber einen Schritt weitergehen. Die quantitative Analyse ermöglicht es uns nämlich, Jahresabschlüsse zu interpretieren und die für uns relevanten Informationen systematisch herauszufiltern.

Aber wie bei einem Kochrezept geht es nicht nur darum, was in einem Gericht enthalten ist, sondern auch, wie das Verhältnis der einzelnen Bestandteile zueinander ist. Beispielsweise verkraften zehn Liter Suppe mehr Salz als ein Liter Suppe.

So kann auch ein Unternehmen mit stabilen Cashflows und hohen Margen eine höhere Schuldlast tragen als ein zyklisches Unternehmen mit schwankenden Umsätzen und unbeständigen Margen.

Um solche Relationen vernünftig untersuchen zu können, steht uns ein Werkzeugkasten aus verschiedenen Kennzahlen zur Verfügung.

Mit einigen Kennzahlen können Sie die Rentabilität des Unternehmens untersuchen, während andere Auskunft über finanzielle Risiken geben. Aber auch viele weitere Bereiche können mit der Hilfe von Kennzahlen abgedeckt werden.

Damit haben die verschiedenen Kennzahlen spezielle Anwendungsbereiche und müssen immer im Verhältnis zueinander und im Kontext qualitativer Merkmale gedeutet werden.

Hinweis

Achten Sie beim Rechnen auf die Einheiten! Einige Unternehmen bilanzieren in Tausenden, während andere die Beträge zum Beispiel in Millionen ausweisen. Beim Vergleich zweier Unternehmen sollte man auch auf die Währung achten. Wenn man den Aktienkurs eines Unternehmens mit einer Position aus dem Jahresabschluss vergleicht, kann es beispielsweise zu Fehlern kommen, da die Aktienkurse bei uns häufig in € angegeben werden, die Jahresabschlüsse möglicherweise aber mit anderen Währungen arbeiten. Hier sollte gegebenenfalls umgerechnet werden.

Hinweis

Prozentangaben werden in diesem Buch in Dezimalschreibweise geschrieben. 45% entsprächen damit 0,45. Abweichungen von dieser Schreibweise werden explizit angemerkt.

3.1 Die Rentabilitätsanalyse

Das oberste Ziel eines Unternehmens ist es, Gewinne zu erwirtschaften. Je höher diese ausfallen, umso besser ist es für das Unternehmen und damit für die Aktionäre. Somit ist die Interpretation der Rentabilitätskennzahlen etwas simpler als die der anderen Kennzahlen, denn hier gilt: »Mehr ist mehr.«

Dabei sind Gewinne nicht einfach nur erwirtschaftete Überschüsse. Sie sind ein Zeichen für geschaffene Mehrwerte und ein effizientes Wirtschaften.

Denn nur wenn Kunden dazu bereit sind, mehr Geld für ein Produkt zu bezahlen als die Summe der Kosten, die das Unternehmen für die Erschaffung und den Vertrieb des Produkts aufbringen musste, hat dieses Unternehmen einen Wert geschaffen. Und je höher dieser Wert von den Kunden wahrgenommen wird, umso mehr Geld sind sie bereit zu bezahlen, was im Umkehrschluss den Gewinn in Form von höheren Margen erhöht.

Gleichzeitig deuten hohe Gewinne auf eine gute Kostendisziplin hin.

Bei unserer Betrachtung möchten wir das Thema Rentabilität etwas kleinteiliger unter die Lupe nehmen. Wir untergliedern hierbei in die Margen, den Kapitalumschlag und die Kapitalrentabilität. Dies erscheint zunächst als viel, nur um zu errechnen, wie profitabel ein Unternehmen ist. Jedoch ist die Rentabilität ein wichtiges Qualitätsmerkmal, denn nur Unternehmen, die nachhaltig rentabel wirtschaften, können den eigenen Fortbestand dauerhaft gewährleisten. Aus diesem Grund soll unsere Analyse nicht nur ermitteln, wie rentabel ein Unternehmen ist, sondern auch, ob dies an den Margen oder der Umschlagshäufigkeit des Kapitals liegt.

3.1.1 Die Margen

Sie werden im Folgenden verschiedene Margen kennenlernen. Gemein haben alle, dass bei der Berechnung eine Einkommensgröße mit dem Umsatz ins Verhältnis gesetzt wird. Somit wird angegeben, wie hoch der prozentuale Anteil der Einkommensgröße, beispielsweise des Gewinns oder EBIT, am Umsatz ist.

Hierbei haben die verschiedenen Kennzahlen jedoch stets individuelle Vor- und Nachteile. Schauen wir uns nun die einzelnen Kennzahlen zur Marge genauer an.

Die Umsatzrendite/Nettogewinnmarge

Die Umsatzrendite setzt den Gewinn eines Unternehmens mit dem Umsatz ins Verhältnis. Die Berechnung erfolgt anhand der folgenden Formel:

$$\text{Umsatzrendite} = \frac{\text{Jahresüberschuss}}{\text{Umsatz}}$$

Das Ergebnis der Berechnung gibt an, wie hoch der prozentuale Anteil des Gewinns am Umsatz ist.

Dabei ist darauf zu achten, den Jahresüberschuss vor Abzug der Minderheitenanteile zu verwenden.

Die Umsatzrendite ist die präziseste und aussagekräftigste Kennzahl im Bereich der Margen, da beim Jahresüberschuss die Steuern, Zinsen und Abschreibungen bereits berücksichtigt sind. Es ist nur logisch, die Marge nach Abzug aller vorhandenen Kosten zu errechnen, da Unternehmen mit einer geringen Zins- oder Steuerlast diesen Vorteil nun mal haben und dieser bei der Analyse nun mal berücksichtigt werden sollte.

Zeitgleich ist dieser Vorteil der Umsatzrendite auch ihr Nachteil, denn der Jahresüberschuss hat größere bilanzpolitische Spielräume und hängt mehr vom Rechnungslegungsstandard ab als zum Beispiel das EBIT. Dies schränkt die Vergleichbarkeit der Umsatzrendite unterschiedlicher Unternehmen etwas ein.

EBT-, EBIT-, oder EBITDA-Marge

Diese Margen nutzen die Zwischenergebnisse der GuV und werden anhand der folgenden Formel errechnet. Hierbei steht die Formel der EBIT-Marge stellvertretend für die anderen Margen:

$$\text{EBIT-Marge} = \frac{\text{EBIT}}{\text{Umsatz}}$$

Der Vorteil dieser Margen ist die höhere Vergleichbarkeit. Hier steht die operative Leistungsfähigkeit im Vordergrund. Mögliche Unterschiede in den Steuersätzen im internationalen Vergleich der Unternehmen spielen hierbei keine Rolle.

Bei der EBIT-Marge wird auch der Einfluss der Zinsen auf das Ergebnis unberücksichtigt gelassen.

Das **EBITDA** (**E**arnings **B**efore **I**nterest, **T**axes, **D**epreciation and **A**mortization) ist das EBIT vor Abschreibungen. Das hat zur Folge, dass bei der EBITDA-Marge beispielsweise auch unterschiedliche Abschreibungsregelungen nicht ins Gewicht fallen. Beim EBITDA sollte beachtet werden, dass dies keine offizielle Position der GuV ist. Auch wenn einige Unternehmen ein eigenes EBITDA im Geschäftsbericht ausweisen, sollte dies aufgrund unterschiedlicher Berechnungsmethoden stets eigenständig errechnet werden. Dazu werden die Abschreibungen einfach wieder zum EBIT hinzuaddiert.

Das Betrachten der EBIT- oder EBITDA-Marge macht insbesondere dann Sinn, wenn man die operative Leistung verschiedener Unternehmen vergleichen möchte.

Cashflow-Margen

Wir haben im vorangegangenen Kapitel bereits gelernt, welche Bedeutung dem Cashflow zukommt. Da uns insbesondere die zahlungswirksamen Einkünfte interessieren, möchten wir hier den operativen Cashflow mit dem Umsatz ins Verhältnis setzen. Diese Kennzahl wird als Umsatzverdienstrate oder Cashflow-Marge bezeichnet und wie folgt berechnet:

$$\text{Umsatzverdienstrate} = \frac{\text{operativer Cashflow}}{\text{Umsatz}}$$

Da aus dem operativen Cashflow noch die Investitionskosten gezahlt werden müssen und dieser damit nicht vollständig den Aktionären zusteht, kann auch die Berechnung der Free-Cashflow-Marge anhand der folgenden Formel sinnvoll sein:

$$\text{Free-Cashflow-Marge} = \frac{\text{Free Cashflow}}{\text{Umsatz}}$$

Diese Kennzahl zeigt an, wie viel Prozent vom Umsatz am Ende für die Anteilseigner, also die Aktionäre, übrig bleibt oder zur Tilgung von Verbindlichkeiten genutzt werden kann.

Bei den Cashflow-Margen ist es sinnvoll, den Durchschnitt der letzten Jahre heranzuziehen, da die Cashflows deutlich schwankungsanfälliger sind als beispielsweise der Gewinn oder das operative Ergebnis.

Deutung und Bedeutung

Hohe Margen sind stets ein Zeichen für ein starkes Geschäftsmodell, da die Kunden trotz der hohen Preise nicht zur Konkurrenz wechseln. Dies zeigt, dass die Produkte oder Dienstleistungen des Unternehmens einen hohen Mehrwert für die Kunden bieten und diese somit bereit sind, einen Aufpreis zu zahlen.

Aber nicht nur hohe Preise, sondern auch eine gute Kostendisziplin sorgt für starke Margen. Wenn man die Kosten senkt, kann man schließlich mehr vom Umsatz für sich behalten.

Wer wissen möchte, was der Grund für die Marge ist, sollte das zugrunde liegende Geschäftsmodell betrachten. Stellt das Unternehmen besonders hochpreisige Produkte mit einer hohen Gewinnspanne her oder zeichnet es sich durch geringe Kosten aufgrund eines effizienten Fertigungsprozesses aus? Natürlich ist auch eine Kombination beider Varianten möglich.

Ein großer Vorteil hoher Margen ist es, dass Spielraum für Preisanpassungen besteht. So können in der Krise die Preise gesenkt werden, ohne dabei in die Unprofitabilität abzurutschen. Dieser Puffer bedeutet auch Sicherheit.

Des Weiteren können hohe Margen ein Zeichen für eine gute Konkurrenzsituation sein. Wenn ein Unternehmen nämlich zu hohen Preisen verkauft, ist dies entweder ein Hinweis für die eigene starke Marktposition oder für einen schwachen Wettbewerb innerhalb der Branche. Wie Sie sehen können, ist hier die Betrachtung qualitativer Merkmale zur Einordnung der Kennzahlen sinnvoll.

Aber ab wann sind Margen hoch? Diese Frage lässt sich leider nicht pauschal beantworten, da dies oft branchenabhängig ist und je nach Marktphase schwanken kann. So sind Margen im Groß- und Einzelhandel für gewöhnlich niedriger als bei Hochtechnologieunternehmen.

Hier macht es Sinn, das Unternehmen mit der Konkurrenz zu vergleichen, um die Margen besser einordnen zu können. Gleichzeitig sollte beachtet werden, das expandierende Unternehmen häufig auf Kosten der Margen wachsen. Deswegen sind niedrige Margen bei Wachstumsunternehmen normal.

Sollten die Margen aufgrund von Verlusten negativ sein, werden uns die Verlustmargen angezeigt, also wie viele Euro Verlust wir bei einem Euro Umsatz erwirtschaften.

Aber nicht nur die Höhe der Margen ist interessant. Auch die Margenentwicklung sollte betrachtet werden. Eine steigende Marge kann für eine sich bessernde Marktposition oder für eine fortschreitende Senkung der Kosten stehen. Diese Kostenabnahme kann beispielsweise durch steigende Produktionsmengen und die damit einhergehenden Skaleneffekte begründet sein.

Teilweise werden niedrige Margen oder Verluste von Unternehmen auch in Kauf genommen, um durch niedrigere Preise zunächst Marktanteile zu gewinnen. Nach dieser Wachstumsphase erfolgt dann der Sprung in die Profitabilität und die Preise werden schrittweise angezogen, wodurch die Margen steigen.

Beispiel: Teslas Margen

2019 verzeichnete Tesla letztmalig einen Jahresfehlbetrag. 2020 folgte dann das erste profitable Jahr mit einer Umsatzrendite von ca. 2%. In den Folgejahren stieg die Umsatzrendite dann zunächst auf ca. 10% und 2022 dann auf ca. 15% an.

Hier sieht man, wie ein Unternehmen zunächst Marktanteile auf Kosten seiner Marge gewinnen und dann den Transit in die Profitabilität vollziehen konnte.

In der folgenden Tabelle sehen Sie einen Vergleich der Margen von Tesla und weiteren Autobauern aus dem Jahr 2022:

	Tesla	VW	BMW	Porsche	Toyota	BYD	Mercedes
EBIT-Marge	16,8%	7,9%	9,8%	18%	9,5%	5%	13,6%
Umsatz-rendite	15,4%	5,7%	13%	13,2%	9,1%	3,9%	9,9%

Hier ist zu erkennen, dass Tesla die anderen Autobauer in dieser Vergleichsgruppe im Hinblick auf die Umsatzrendite hinter sich lassen konnte. Lediglich bei der EBIT-Marge hat Porsche einen leichten Vorsprung.

Bei Tesla lässt sich dies sowohl durch die Kosteneffizienz als auch die starke Marke und den technologischen Vorsprung erklären, die das Verlangen höherer Preise ermöglichen. Hier stellt sich die Frage, wie sich die Margen langfristig weiterentwickeln werden, da wir bis zuletzt ein Margenwachstum sehen konnten.

Die Preissenkungen vieler Automobilhersteller 2023 aufgrund der konjunkturellen Lage sind bei der Betrachtung nicht berücksichtigt worden.

Porsches ebenfalls hohe Margen im Vergleich zur Konkurrenz lassen sich dadurch erklären, dass Porsche im Hochpreissegment wirtschaftet. Hier sind höhere Margen üblich, da die Qualität in diesem Bereich wichtiger ist als der Preis. Damit sind die Kunden eher bereit, einen Aufpreis zu bezahlen. Gleichzeitig ist anzumerken, dass Porsche sich hier als Vergleichsunternehmen nur teilweise eignet, da es eine etwas andere Zielgruppe bedient.

Auch die Margen von BMW sind interessant. Hier ist die EBIT-Marge, anders als bei den anderen Unternehmen in der Tabelle, höher als die Umsatzrendite. Der Grund liegt hierbei im starken Finanzergebnis dieses Jahres. Dies lag, wie man den Erläuterungen der GuV entnehmen kann, an der Neubewertung der Anteile am chinesischen Joint Venture BMW Brilliance.

Da dieser Finanzgewinn jedoch nicht nachhaltig ist und nicht aus dem operativen Geschäft heraus generiert wurde, macht es bei BMW Sinn, die EBIT-Marge als Vergleichskennzahl heranzuziehen. Auf diese Wiese bleibt der Fokus auf dem operativen Geschäft.

Joint Venture

Ein Joint Venture ist eine Unternehmenskooperation, meist in Form eines Gemeinschaftsunternehmens, von zwei oder mehr Unternehmen. Hierbei werden das finanzielle Risiko und die Führungsverantwortung geteilt.

3.1.2 Der Kapitalumschlag

Der Kapitalumschlag gibt an, wie häufig ein Unternehmen sein Gesamtkapital in einem Geschäftsjahr umschlagen, also mit dem Umsatz aufwiegen kann. Ein Kapitalumschlag von 2 würde bedeuten, dass ein Unternehmen auf jeden Euro Kapitaleinsatz 2 Euro Umsatz erwirtschaftet hat.

Die Formel sieht wie folgt aus:

$$\text{Kapitalumschlag} = \frac{\text{Umsatz}}{\text{Ø Bilanzsumme}}$$

Der Umsatz wurde hierbei über das gesamte Jahr erwirtschaftet, während die Bilanzsumme eine Momentaufnahme darstellt. Deswegen ist es bei der Errechnung des Kapitalumschlags sinnig, die durchschnittliche Bilanzsumme des Geschäftsjahrs heranzuziehen. Diese lässt sich mit der folgenden Formel errechnen:

$$\text{Durchschnitt der Bilanzsumme} = \frac{\text{Bilanzsumme Vorjahr} + \text{aktuelle Bilanzsumme}}{2}$$

Dabei ist der Kapitalumschlag, neben den Margen, der zweite Einflussfaktor auf die Kapitalrentabilität, wie das folgende Beispiel verdeutlicht.

Beispiel: Kapitalumschlag vs. Marge

Im Folgenden sehen wir den Vergleich zweier imaginärer Unternehmen:

	Unternehmen A	**Unternehmen B**
Umsatz	100 US$	50 US$
Gewinn	10 US$	10 US$
Bilanzsumme	200 US$	200 US$
Kapitalumschlag	0,5	0,25
Umsatzrendite	10%	20%

Hier sehen wir zwei Unternehmen mit demselben Gesamtkapital, also derselben Bilanzsumme und einem identischen Gewinn.

Während das Unternehmen A jedoch 100 US$ im Geschäftsjahr umgesetzt hat, sind es bei dem Unternehmen B lediglich 50 US$. Damit hat das

Unternehmen A seine niedrigere Marge durch eine höhere Kapitalzirkulation kompensiert.

Es hat nämlich 50% seiner Bilanzsumme in Form von Umsatz erwirtschaften können, das Unternehmen B nur 25%.

Somit kann es bei gleichem Kapital und niedrigeren Margen durch einen höheren Kapitalumschlag dennoch die gleichen Gewinne erwirtschaften.

Der Kapitalumschlag hängt in gewissem Maße vom Kapitalmanagement eines Unternehmens ab, beispielsweise von der Vorratsintensität. Zudem ist er sehr branchen- und geschäftsmodellabhängig. So erzielen Einzelhändler in der Regel einen höheren Kapitalumschlag als beispielsweise Maschinenbauunternehmen. Aus diesem Grund sollte die Vergleichsgruppe hier sehr ähnlich gewählt werden.

Besonders in kapitalintensiven Branchen macht eine Betrachtung dieser Kennzahl Sinn.

Hierbei ist auch die Veränderung des Kapitalumschlags im zeitlichen Verlauf interessant. So kann ein steigender Kapitalumschlag ein Zeichen für einen effizienter werdenden Kapitaleinsatz sein.

Für uns ist an dieser Stelle relevant, dass nicht nur die Margen einen Einfluss auf die Rentabilität eines Unternehmens haben, sondern auch der Kapitalumschlag, also die Höhe des Umsatzes im Vergleich zum Gesamtkapital.

3.1.3 Die Kapitalrentabilität

In diesem Abschnitt wollen wir schauen, wie rentabel ein Unternehmen sein Kapital verzinst. Dabei setzen wir stets eine Ertragsgröße mit einer Form des Kapitals ins Verhältnis.

Auch hier sind möglichst hohe Werte als gut anzusehen.

Die Kapitalrentabilität ist der zentrale Teil der Rentabilitätsanalyse, denn im Endeffekt ist es zweitrangig, ob ein Unternehmen sein Kapital durch eine hohe Marge oder durch einen hohen Kapitalumschlag zur Genüge verzinst. Wichtig ist, dass möglichst viel Ertrag auf das eingesetzte Kapital entfällt.

Um das beurteilen zu können, möchten wir uns im Folgenden drei Kennzahlen anschauen.

Die Gesamtkapitalrentabilität

Die Gesamtkapitalrentabilität, auch Return on Asset genannt, gibt die Rendite an, die auf das gesamte Unternehmenskapital entfällt. Die Formel sieht wie folgt aus:

$$\text{Gesamtkapitalrentabilität} = \frac{\text{Gewinn} + \text{Fremdkapitalzinsen}}{\text{Ø Bilanzsumme}}$$

Wie beim Kapitalumschlag sollte man für ein genaueres Ergebnis den Durchschnitt der Bilanzsumme des Geschäftsjahrs heranziehen.

Die Zinsen werden hierbei zum Gewinn hinzuaddiert, da die Bilanzsumme auch das Fremdkapital enthält. Somit müssen die Renditeansprüche der Fremdkapitalgeber, also die Zinsen, ebenso berücksichtigt werden wie die Renditeansprüche der Eigenkapitalgeber. Diesen steht der Gewinn zu.

Da die Fremdkapitalzinsen fix sind, sollte die Gesamtkapitalrendite langfristig zumindest über diesen liegen. Alles, was im zweistelligen Bereich liegt, ist als gut anzusehen, wobei mehr natürlich stets besser ist.

Dadurch, dass die Gesamtkapitalrentabilität alle Kapitalgeber und das gesamte Kapital einbezieht, ist sie weniger manipulationsanfällig als die Eigenkapitalrendite und vollständiger als der im weiteren Verlauf vorgestellte ROCE. Damit eignet sie sich gut zum Vergleichen von verschiedenen Unternehmen. Bei Geschäftsmodellen mit einer geringen Kapitalerfordernis ist sie wiederum weniger aussagekräftig.

Die Eigenkapitalrendite

Diese Kennzahl gibt an, wie hoch die Rendite auf das bilanzierte Eigenkapital ausfällt und wird wie folgt errechnet:

$$\text{Eigenkapitalrendite} = \frac{\text{Gewinn}}{\text{Ø bilanziertes Eigenkapital}}$$

Besonders hier ist es sinnvoll, das durchschnittliche Eigenkapital der Periode, also des Geschäftsjahrs, heranzuziehen, da die Veränderung des Eigenkapitals innerhalb einer Periode häufig größer ausfällt als die Veränderung des Gesamtkapitals.

Hinweis

Bei der Eigenkapitalrendite sollten das Eigenkapital und der Jahresüberschuss nach Anteilen Dritter zur Berechnung verwendet werden.

Diese Kennzahl gibt an, wie effizient das Kapital der Eigenkapitalgeber verzinst wird. Dies macht die Eigenkapitalrendite zu einer zentralen Rentabilitätskennzahl.

Da die laufenden Gewinne das Eigenkapital erhöhen, könnte diese Kennzahl theoretisch auch als Wachstumsrate des Eigenkapitals verstanden werden. Dies funktioniert jedoch nur sehr begrenzt, da das Eigenkapital möglicherweise durch weitere Faktoren, wie Ausschüttungen, beeinflusst wird. Dennoch zeigt dies, dass diese Kennzahl als Indikator für die Wertschöpfungskraft eines Unternehmens für seine Aktionäre angesehen werden kann.

Diese Kennzahl weist jedoch eine zentrale Schwäche auf. So ist es möglich, die Eigenkapitalrendite auf zwei Wegen zu erhöhen. Einerseits kann dies durch eine Steigerung der Gewinne erfolgen. Dies wäre aus unserer Sicht der beste Weg.

Andererseits ist es möglich, die Eigenkapitalrendite zu erhöhen, indem man das Eigenkapital senkt oder im Verhältnis mehr Fremdkapital aufnimmt, um sein Eigenkapital zu hebeln.

Man erwirtschaftet also mit dem Fremdkapital Erträge, mit denen die auf das Fremdkapital anfallenden Zinsen gedeckt werden können. Die übrige Rendite auf dieses Fremdkapital stünde dann den Aktionären in Form von Gewinnen zu. Dieses Prinzip bezeichnet man als Leverage-Effekt oder als Fremdkapitalhebel. Dies erhöht die Rentabilität, steigert aber auch das Risiko durch die höhere fixe Zinslast.

Man sollte bei einer hohen Eigenkapitalrendite also wissen, welchen Ursprung diese hat. Hierbei kann eine Einordnung mithilfe der weiter unten beschriebenen Eigen- beziehungsweise Fremdkapitalquote erfolgen.

Durch diese Fälschbarkeit ist auch eine Betrachtung im Kontext der Gesamtkapitalrentabilität sinnvoll.

Bei der Betrachtung der Eigenkapitalrendite sollte man sich also die Frage stellen, ob diese durch einen hohen Fremdkapitalanteil oder durch die allgemeine Rentabilität des Unternehmens bedingt ist.

Wenn wir die Eigenkapitalrendite eines Unternehmens beurteilen, sollten wir dies stets unter der Beachtung des Risikos tun. Ein stabil wirtschaftendes Unternehmen, welches solide finanziert ist, kann langfristig eine geringere Eigenkapitalrendite verkraften als ein riskanteres Unternehmen mit einem hohen Fremdkapitalanteil.

Die Eigenkapitalrendite entschädigt quasi für das getragene Risiko, sollte aber dennoch nicht unter dem Fremdkapitalzinssatz liegen. Eine Ausnahme bei dieser Aussage sind Unternehmen, die sich in ihrer Wachstumsphase befinden.

Der ROCE

Wenn wir wissen wollen, wie profitabel ein Unternehmen sein Kapital verzinsen kann, hat der **R**eturn **o**n **C**apital **E**mployed einen großen Vorteil gegenüber den vorangegangenen Kennzahlen zur Kapitalrentabilität. Diese betrachten das Kapital nämlich unabhängig von der Nutzung. So ziehen schlecht bis gar nicht verzinste Liquiditätsreserven die Rendite des operativ genutzten Kapitals in der Gesamtbetrachtung nach unten.

Theoretisch zeigt der ROCE also das Renditepotenzial eines Unternehmens, wenn es sein gesamtes Kapital operativ nutzen würde. Dass dies jedoch nicht ratsam ist, werden wir bei der Betrachtung der Liquidität noch mal genauer erörtern.

Der ROCE betrachtet somit nur die Rendite auf das betriebsnotwendige Kapital, also das Capital Employed. Dieses wird wie folgt berechnet:

$$\begin{aligned}\text{Capital Employed}\\ &= \text{Anlagevermögen} + \text{Umlaufvermögen} - \text{liquide Mittel}\\ &\quad - \text{Verbindlichkeiten aus L\&L}\end{aligned}$$

Die liquiden Mittel umfassen hierbei den Kassenbestand und kurzfristige, nicht operativ benötigte Vermögenswerte wie Wertpapiere. Im Übrigen gibt es verschiedene Möglichkeiten das Capital Employed zu berechnen.

Auch hier ist die Verwendung des Jahresdurchschnitts sinnig.

Wenn man nun den ROCE errechnen möchte, nutzt man die folgende Formel:

$$\text{ROCE} = \frac{\text{EBIT}}{\text{Ø Capital Employed}}$$

Anhand des ROCE kann man die Rentabilität des Kerngeschäfts abschätzen. Häufig ist dieser Wert stark von der Branche und der Unternehmensstrategie abhängig. Das macht die Analyse im zeitlichen Verlauf interessant. So ist ein fortschreitender Anstieg ein Zeichen für eine immer effizienter werdende Nutzung des operativ verwendeten Kapitals. Dies zeigt also, dass das Kerngeschäft rentabler wird, was wiederum ein Zeichen für eine gute Marktposition sein kann.

Wenn ein Unternehmen einen hohen und vielleicht sogar wachsenden ROCE bei anhaltendem Wachstum erzielt, zeigt dies, dass das Unternehmen in der Lage ist, das neu erwirtschaftete Kapital weiterhin effizient zu nutzen. Dies macht solche Unternehmen für Investoren besonders interessant, da weiterhin mit qualitativem Wachstum gerechnet werden kann. Hieraus lässt sich ableiten, dass das Unternehmen seine Gewinne proportional oder sogar überproportional zum Kapitalanstieg steigern kann.

Wenn ein Unternehmen Kapital akkumulieren und immer rentabler verzinsen kann, ist dies ein enormer Werttreiber.

Beispiel: Die Kapitalrentabilität von Apple Inc.

Aus der folgenden Tabelle können Sie alle nötigen Positionen entnehmen, um die vorgestellten Kapitalrentabilitätskennzahlen von Apple zu errechnen.

in Mio. US$	2023	2022	Durchschnitt
EBIT	114.301	-	-
Gewinn	96.995	-	-
Fremdkapitalzinsen	3.933	-	-
Anlagevermögen	209.017	217.350	213.184
Vorräte	6.331	4.946	5.639
Forderungen aus L&L	61.098	60.932	61.015
Verbindlichkeiten aus L&L	62.611	64.115	63.363
Bilanziertes Eigenkapital	62.146	50.672	56.409
Bilanzsumme	352.583	352.755	352.669

$$\text{Gesamtkapitalrentabilität} = \frac{96.995 + 3.933}{352.669} = 28{,}62\%$$

$$\text{Eigenkapitalrendite} = \frac{96.995}{56.409} = 171{,}95\%$$

Wir sehen bei Apple eine enorm hohe Gesamtkapitalrentabilität. Diese wird besonders durch die hohen Margen des Konzerns getrieben und zeigt eindrücklich, wie stark die Marktposition des Unternehmens ist. Dies ist eine beeindruckende Kapitalverzinsung.

Vergleicht man Apple mit beispielsweise Xiaomi, einem chinesischen Smartphone-Hersteller, welcher eher die Preisführerschaft (= günstiger als die Konkurrenz) in dem Segment anstrebt, sieht man bei diesem nur eine Gesamtkapitalrentabilität im mittleren bis unteren einstelligen Bereich (7,6% im Jahr 2021 und 1,1% im Jahr 2022).

Übertroffen wird Apples Gesamtkapitalrentabilität jedoch von der noch höheren Eigenkapitalrendite. Diese steigt jedoch nicht nur durch die sehr hohe Kapitalverzinsung in diesen hohen dreistelligen Bereich, sondern auch durch den hohen Fremdkapitalanteil von ca. 82%.

Somit hebelt Apple seine sowieso schon starke Kapitalrentabilität zusätzlich mit großen Mengen an Fremdkapital. Eine so hohe Fremdkapitalquote ist nur bei einem sehr starken Geschäftsmodell zu verkraften.

$$\text{Capital Employed} = 213.184 + 5.639 + 61.015 - 63.363 = 216.475$$

$$\text{ROCE} = \frac{114.301}{216.475} = 52{,}8\%$$

Wenn wir den Return on Capital Employed betrachten, sehen wir auch hier einen hohen Wert. Dieser lag 2018 bei ca. 29%, was auch schon sehr hoch ist, und hat sich in den sechs darauffolgenden Jahren kontinuierlich bis auf 52,8% im Jahr 2023 gesteigert.

Dies zeigt, dass das Kerngeschäft des Unternehmens immer profitabler wird. Wenn man bedenkt, dass das Gesamtkapital in den letzten sechs Jahren relativ konstant geblieben ist, lässt sich daraus schließen, dass Apple sein gesamtes Umsatz- und Gewinnwachstum aus den steigenden Margen und einem immer höheren Kapitalumschlag generiert hat.

3.2 Die Analyse finanzieller Risiken

Bei der Betrachtung der finanziellen Situation eines Unternehmens geht es vornehmlich darum zu erkennen, ob finanzielle Risiken für das Unternehmen vorhanden sind, die ein zukünftiges Fortbestehen verhindern könnten. Hierbei fokussieren wir uns auf die Schulden des Unternehmens und die damit einhergehende Zinslast. Aber auch unstimmige Verhältnisse in der Kapital- und Vermögensstruktur werden untersucht.

Im Folgenden möchte ich Ihnen einige Kennzahlen vorstellen, mithilfe derer Sie solche Risiken einschätzen können. Damit Sie diese etwas besser für sich einordnen können, möchte ich Ihnen eine systematische Einteilung der Bilanzkennzahlen an die Hand geben.

Es gibt nämlich vertikale und horizontale Bilanzkennzahlen. Während die vertikalen Bilanzkennzahlen die Struktur innerhalb der Aktiva-Seite (Vermögensstruktur) oder innerhalb der Passiva-Seite (Kapitalstruktur) untersuchen, werden bei den horizontalen Bilanzkennzahlen Positionen der Aktiva-Seite und der Passiva-Seite miteinander verglichen.

Dabei achten wir darauf, ob die goldene Finanzierungsregel erfüllt ist. Diese verlangt eine Fristkongruenz zwischen dem Vermögen und der Finanzierung. Langfristiges Vermögen soll also langfristig finanziert sein und kurzfristige Verbindlichkeiten sollten mit genug Liquidität abgedeckt sein.

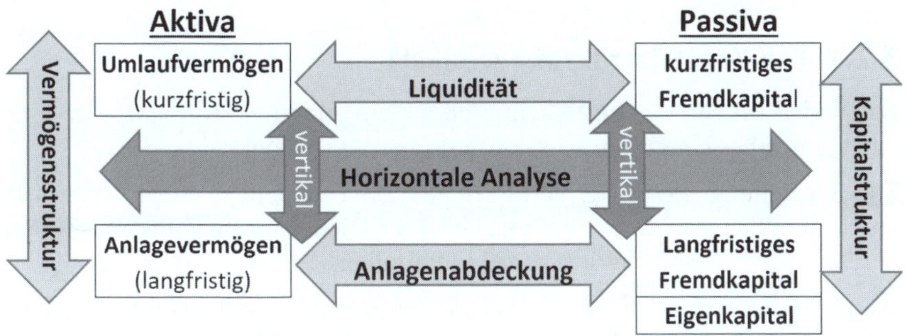

Hier sind die Zusammenhänge noch mal visualisiert.

Neben den reinen Bilanzkennzahlen werden Sie außerdem einige Kennzahlen zur Nettofinanzverschuldung und zur Zinslast kennenlernen. Hierbei werden die Schulden und die Zinslast auch in Relation zur Ertragslage oder zum Cashflow gesetzt.

Dies ist wichtig, da wir sowohl das Verhältnis innerhalb der Aktiva- und Passiva-Seiten verstehen müssen als auch das Verhältnis untereinander und zur Ertragslage. Jedes Missverhältnis stellt ein Risiko dar.

Dabei sollte beachtet werden, dass die Aufnahme von Schulden nicht zwangsläufig etwas Schlechtes für ein Unternehmen ist. Wie im Unterkapitel zur Eigenkapitalrendite ausgeführt, kann Fremdkapital die Rentabilität eines Unternehmens auch erhöhen und ist in einem gewissen Ausmaß als gut einzustufen.

Somit ist die Beurteilung der Kennzahlen zur finanziellen Situation eines Unternehmens etwas komplexer als die Beurteilung der Rentabilität. Eine Senkung des finanziellen Risikos durch eine Verringerung der Schuldlast führt im Umkehrschluss in einigen Fällen auch zu Rentabilitätseinbußen.

Die finanzielle Stabilität eines Unternehmens ist in dem Sinne auch kein Werttreiber, wie eine starke Rentabilität. Sie ist eher als Voraussetzung für die wirtschaftliche Tätigkeit zu betrachten. Sie ist quasi wie das Fundament, auf dem das Haus gebaut wird. Wenn sie ausreichend ist, kann das Haus errichtet und immer weiter ausgebaut werden. Wenn sie nicht ausreicht, ist auch ein sonst solides Haus in Gefahr.

Außerdem ist ein finanziell solide aufgestelltes Unternehmen in der Lage, besser durch Krisenphasen zu manövrieren und kann investieren, wenn andere nicht dazu in der Lage sind. Dies kann ein langfristiger Wettbewerbsvorteil sein.

3.2.1 Die Kapitalstruktur (vertikal)

Das Verhältnis von Eigenkapital und Fremdkapital ist bei der finanziellen Einschätzung eines Unternehmens von zentraler Bedeutung.

Zur Beurteilung dieses Verhältnisses gibt es verschiedene Kennzahlen, die unterschiedlich errechnet werden, aber das Gleiche aussagen und alle in den Bereich der vertikalen Vermögensstruktur fallen.

Während die Fremdkapitalquote beispielsweise das Fremdkapital ins Verhältnis zur Bilanzsumme setzt, wird bei der Eigenkapitalquote das Eigenkapital zur Berechnung herangezogen. Da die Kennzahlen jeweils das Gegenstück zueinander darstellen, werden wir uns bei der Betrachtung der Kapitalstruktur auf die Fremdkapitalquote beschränken. Diese wird wie folgt errechnet:

$$\text{Fremdkapitalquote} = \frac{\text{Fremdkapital}}{\text{Bilanzsumme}}$$

Um zu verstehen, wie diese Kennzahl zu deuten ist, sollten die Vor- und Nachteile von Fremd- und Eigenkapital bekannt sein.

Eigenkapital

Das *Eigenkapital* bringt keine fixen Zinsen mit sich. Ausschüttungen an die Aktionäre können während der Krise unterbrochen werden. Dies macht ein

Unternehmen mit verhältnismäßig viel Eigenkapital flexibler und krisenfester, da es nicht Gefahr läuft, seine Zinslast im konjunkturellen Abschwung nicht mehr tragen zu können. Stattdessen werden Investitionen auch in schwierigen Marktphasen ermöglicht. Ein weiterer Vorteil des Eigenkapitals ist, dass es keinen Stichtag gibt, an dem es zurückgezahlt werden muss. Deswegen kann langfristig mit dem Eigenkapital geplant werden.

Damit ist eine niedrige Fremdkapitalquote ein Zeichen für ein geringes finanzielles Risiko.

Als Eigenkapitalkosten werden die Renditeansprüche der Aktionäre bezeichnet. Diese liegen in aller Regel über den Fremdkapitalkosten, da die Aktionäre im Falle einer Insolvenz nachrangig gegenüber den Fremdkapitalgebern bedient werden.

Fremdkapital

Das *Fremdkapital* hingegen hat eine Endfälligkeit und feste Zinsen, zumindest ein Großteil davon. Diese sind jedoch steuerlich abzugsfähig und fallen niedriger aus als die Renditeansprüche der Aktionäre, was das Fremdkapital langfristig betrachtet günstiger macht als das Eigenkapital. Dies erhöht im Umkehrschluss die Rendite der Aktionäre.

Vor diesem Hintergrund gibt es keinen fixen Wert für eine ideale Fremdkapitalquote. Die Kapitalstruktur ist eher abhängig von dem Geschäftsmodell und der Sicherheit der Cashflows eines Unternehmens.

Fazit zur Fremdkapitalquote

Unternehmen, die stabile Gewinne erwirtschaften und weniger abhängig von der konjunkturellen Lage sind, können eine höhere Fremdkapitalquote verkraften als Unternehmen mit stark schwankenden Gewinnen und einer geringeren Kapitalrentabilität. Besonders wenn ein Unternehmen stark auf wirtschaftliche Abschwünge reagiert, es sich also um ein zyklisches Unternehmen handelt, sollte auf ausreichend Eigenkapital geachtet werden.

Als Obergrenze für die Fremdkapitalquote werden ca. 70% genannt. Gelegentlich findet man auch die Angabe von 80% als Maximalwert, wobei dies nur bei extrem stabil wirtschaftenden Unternehmen mit sehr gut planbaren Gewinnen vertretbar wäre.

Insbesondere wenn ein Unternehmen einen Großteil seines Fremdkapitals aus zinsfreien Quellen, wie Lieferantenkrediten, generiert, kann eine erhöhte Fremdkapitalquote bis zu einem gewissen Grad vorteilhaft sein.

3.2.2 Die Vermögensstruktur (vertikal)

Nicht nur die Struktur der Passiva-Seite, sondern auch die Struktur der Aktiva-Seite hat einen Einfluss auf die Stabilität unseres Unternehmens.

Dies liegt daran, dass ein Unternehmen mit einem hohen Anteil an Anlagevermögen weniger flexibel auf Krisen reagieren kann, da das Umlaufvermögen schneller liquidierbar ist als das Anlagevermögen. Dies ist logisch, da die Vorräte regulär verkauft werden können, die Forderungen in der Regel zeitnah beglichen werden und die Kassenbestände bereits liquid sind.

Das Anlagevermögen ist hingegen langfristig orientiert. Immaterielle Vermögenswerte können nur schwer verkauft werden, da diese häufig nur im Umfeld des Unternehmens wertschöpfend sind und Sachanlagen, wie Maschinen, werden operativ benötigt und sind oft auch nur mit Abschlägen zu veräußern.

Um das Verhältnis vom Umlaufvermögen zum Anlagevermögen zu beurteilen, können wir zwischen zwei vertikalen Bilanzkennzahlen wählen, die das Gleiche aussagen. Dies wären die Umlaufintensität und die Anlagenintensität. Wir beschränken uns hier auf die Anlagenintensität, welche mit der folgenden Formel den Anteil des Anlagevermögens am Gesamtvermögen angibt:

$$\text{Anlagenintensität} = \frac{\text{Anlagevermögen}}{\text{Bilanzsumme}}$$

Ein Zielverhältnis gibt es bei dieser Kennzahl nicht, da sie sehr branchenabhängig ist. So haben Immobilienunternehmen oder das produzierende Gewerbe in der Regel eine vergleichsweise hohe Anlagenintensität.

Oft ist es so, dass eine niedrige Anlagenintensität das Unternehmen durch die geringere Kapitalbindung tendenziell flexibler macht. So ist es möglich, sich schneller an Marktveränderungen und Trends anzupassen. Beispielsweise muss ein Hersteller von Tastentelefonen viele seiner Maschinen austauschen, wenn er sein Unternehmen auf den Bau von Touchdisplays umstellen möchte. Ein Einzelhändler kann hingegen überholte Produkte aus dem Sortiment nehmen oder preisreduziert anbieten. Damit werden Kapazitäten für neue Produkte frei, die nun gefragter sind.

Ein zu hohes Umlaufvermögen kann aber auch auf Absatzprobleme, nicht beglichene Forderungen oder zu hohe ungenutzte Liquiditätsreserven hindeuten.

Beispiel: Die Liquidierung des Umlaufvermögens in der Krise

Als Sixt 2020 einen enormen Umsatzrückgang aufgrund der Auswirkungen der Coronapandemie hinnehmen musste, reagierte das Unternehmen mit einer Liquidierung großer Teile seiner Fahrzeugflotte. Die Mietfahrzeuge waren schnell liquidierbar und werden im Umlaufvermögen geführt. Auf diese Weise konnte das Unternehmen schnell auf die Veränderungen am Markt reagieren.

In den Folgejahren konnte Sixt die Flotte wieder ausbauen.

3.2.3 Die Anlagenabdeckung (horizontal)

Nun kennen Sie die Verhältnisse innerhalb der Passiva-Seite und innerhalb der Aktiva-Seite. Die Anlagenabdeckung untersucht die horizontale Bilanzstruktur, stellt also Positionen der Aktiva- und Passiva-Seite miteinander ins Verhältnis. Der dahinterstehende Gedanke ist, dass langfristig orientierte Vermögenswerte, also das Anlagevermögen, auch langfristig finanziert sein sollten.

Im Umkehrschluss bedeutet dies, dass anlagenintensive Unternehmen vergleichsweise mehr Eigenkapital und langfristiges Fremdkapital benötigen als Unternehmen mit verhältnismäßig wenig Anlagevermögen. Dies ist auch auf die niedrigere Flexibilität anlageintensiver Geschäftsmodelle zurückzuführen, was durch eine konservativere Finanzierung kompensiert werden sollte. Andernfalls besteht das Risiko von Zahlungsschwierigkeiten bei der Bedienung kurzfristiger Verbindlichkeiten.

Um diese Gefahr abschätzen zu können, stehen uns die Anlagenabdeckungsgrade I bis III zur Verfügung.

Anlagenabdeckungsgrad I

$$\text{Anlagenabdeckungsgrad I} = \frac{\text{Eigenkapital}}{\text{Anlagevermögen}}$$

Da das Eigenkapital keine Endfälligkeit hat, sollte ein Großteil des Anlagevermögens eigenkapitalfinanziert sein. Im Optimalfall liegt der Wert bei über 70%. Unter 50% sollte der Wert auch im produzierenden Gewerbe nicht fallen.

Anlagenabdeckungsgrad II

$$\text{Anlagenabdeckungsgrad II} = \frac{\text{Eigenkapital} + \text{langfristiges Fremdkapital}}{\text{Anlagevermögen}}$$

Da auch langfristiges Fremdkapital eine Möglichkeit zur langfristigen Finanzierung ist, schließt der Anlagenabdeckungsgrad II dieses in der Formel mit ein. Der Wert sollte nicht unter 100% fallen, da das Anlagevermögen ansonsten zum Teil kurzfristig finanziert wäre, was wiederum die Gefahr von Zahlungsschwierigkeiten bergen würde.

Da im Optimalfall auch ein Teil des Umlaufvermögens langfristig finanziert sein sollte, liegt der Zielwert sogar etwas höher, bei über 120%.

Anlagenabdeckungsgrad III

$$\text{Anlagenabdeckungsgrad III} = \frac{\text{Eigenkapital} + \text{langfristiges Fremdkapital}}{\text{Anlagevermögen} + \text{Vorräte}}$$

Wie bereits erwähnt, sollte auch ein Teil des Umlaufvermögens langfristig finanziert sein. Dieser Anteil wird oft als »eiserner Bestand« bezeichnet. Da dieser nicht immer bekannt ist, ziehen wir hier alternativ die Vorräte heran, da diese im Gegensatz zu den liquiden Mitteln und Forderungen operativ benötigt werden.

Hier liegt der Zielwert bei über 100%. Der Anlagenabdeckungsgrad III ist jedoch gegenüber den Anlagenabdeckungsgraden I und II nachrangig, da vorrangig das Anlagevermögen gedeckt sein sollte.

Hohe Werte in den Anlagenabdeckungsgraden bedeuten zwar eine erhöhte Kapitalbindung, was die Kapitalrentabilität belasten kann, zeigen aber auch an, dass das Unternehmen ausgewogen und damit sicher finanziert ist. Dies ist im Zweifel höher zu werten.

3.2.4 Die Liquidität (horizontal)

Auch bei der Untersuchung der Liquidität betrachten wir die horizontale Bilanzstruktur. Während bei der Anlagenabdeckung jedoch die langfristigen Vermögenswerte mit dem langfristigen Kapital in Relation gesetzt werden, werden hier die kurzfristigen Bereiche der Bilanz betrachtet.

Dahinter steht der Gedanke, dass kurzfristige Verbindlichkeiten mit genügend Liquidität abgedeckt sein sollten, damit es nicht zu Zahlungsengpässen aufgrund mangelnder Zahlungsmittel kommt. Eine solche Liquiditätskrise kann im allerschlimmsten Fall zur Insolvenz führen.

Um die Liquidität zu messen, stehen uns drei Kennzahlen zur Verfügung, die Liquiditätsgrade I bis III.

Zur Interpretation der Zielwerte der folgenden Liquiditätsgrade sollte vorab angemerkt werden, dass eine Unterschreitung stets Risiken für das Unternehmen birgt. Bei einer Überschreitung steigt die Sicherheit jedoch nicht proportional. Hier sehen wir eher das Phänomen des abnehmenden Grenznutzens. Die Verdopplung der Liquidität bedeutet also keine Verdopplung der Sicherheit, sondern nur einen reduzierten Zugewinn.

Zeitgleich wird das liquide gehaltene Kapital nicht oder niedrig verzinst, was die Rentabilität bei einer zu hohen Liquidität senken kann. Jedoch ist eine Überschreitung des Zielkorridors positiver zu werten als eine Unterschreitung, da diese nicht existenzbedrohend ist. Zudem bietet eine erhöhte Liquidität die Chance einer Rentabilitätssteigerung durch Liquiditätssenkungen in der Zukunft.

Außerdem lassen sich phasenweise hohe Liquiditätsreserven situationsbedingt rechtfertigen. So ist ein erhöhter Kassenbestand vor Investitionen oder nach Desinvestitionen normal.

Somit ist eine starre Obergrenze bei diesen Kennzahlen schwer zu definieren.

Im Übrigen ist im Rahmen der Liquiditätsanalyse auch ein Blick in die Fälligkeitsstruktur des Unternehmens, wie im Kapitel 2 dargestellt, durchaus sinnvoll, da sich hierdurch mögliche Gründe für erhöhte Liquiditätsreserven ergeben können. Dies ermöglicht einen ganzheitlichen Blick auf die Liquiditätssituation, da man auch etwaige Entwicklungen im Auge behält.

Die Liquidität 1. Grades

$$\text{Liquidität 1. Grades} = \frac{\text{Zahlungsmittel} + \text{kurzfristige Wertpapiere}}{\text{kurzfristige Verbindlichkeiten}}$$

Die Liquidität 1. Grades wird auch als Cash Ratio bezeichnet.

Ein gewisser Anteil des Umlaufvermögens sollte stets liquid gehalten werden, also in Form von Zahlungsmitteln und schnell liquidierbaren Wertpapieren. Solche Wertpapiere können beispielsweise nicht operativ benötigte Aktien oder Anleihen sein. Diese zählen hier mit hinein, da sie jederzeit verkauft und zur Tilgung von kurzfristigen Verbindlichkeiten genutzt werden können.

Die kurzfristigen Verbindlichkeiten umfassen dabei sowohl die zinstragenden Finanzverbindlichkeiten als auch zinsfreie Verbindlichkeiten, also das gesamte kurzfristige Fremdkapital. Hier ist somit lediglich die Endfälligkeit von unter einem Jahr relevant.

Dieser Liquiditätsgrad sollte zwischen 10% und 30% liegen.

Die Liquidität 2. Grades

$$\text{Liquidität 2. Grades} = \frac{\text{Umlaufvermögen} - \text{Vorräte}}{\text{kurzfristige Verbindlichkeiten}}$$

Da dem Unternehmen neben den liquiden Mitteln im Normalfall auch die eigenen Forderungen aus Lieferung und Leistung kurzfristig zufließen, werden diese bei der Berechnung der Liquidität 2. Grades berücksichtigt. Somit bleiben die Vorräte als letzter Baustein des Umlaufvermögens unberücksichtigt und werden in der Formel vom Umlaufvermögen abgezogen.

Der Zielwert liegt bei ca. 100%. Im Optimalfall wiegen die liquiden Mittel und die eigenen Forderungen also die kurzfristigen Verbindlichkeiten auf. Auch Werte ab 90% sind schon vertretbar.

Die Liquidität 3. Grades

$$\text{Liquidität 3. Grades} = \frac{\text{Umlaufvermögen}}{\text{kurzfristige Verbindlichkeiten}}$$

Hier wird das gesamte Umlaufvermögen berücksichtigt.

Um Forderungsausfälle und Probleme beim Abverkauf der Vorräte zu berücksichtigen, sollte der Wert bei über 120% liegen. Teilweise werden sogar Werte von bis zu 200% empfohlen. Hier ist die gesamte Spanne vertretbar. Unter 100% sollte dieser Wert jedoch nicht fallen.

Beispiel: Vertikale und horizontale Bilanzanalyse der Mercedes-Benz Group

Verkürzte Bilanz	In Mio. €
Liquide Mittel (inkl. Wertpapiere)	23,9
Vorräte	25,6
Umlaufvermögen	102,9
Anlagevermögen	157,1
Kurzfristiges Fremdkapital	88,4
Langfristiges Fremdkapital	85,1

Eigenkapital	86,5
Bilanzsumme (Summe Aktiva/Passiva)	260

Hier ist anzumerken, dass die einzelnen Positionen in der offiziellen Bilanz teilweise etwas andere Namen tragen. So werden das Anlage- und Umlaufvermögen beispielsweise unter den Bezeichnungen »langfristige und kurzfristige Vermögenswerte« geführt. Die Bedeutung ist jedoch identisch.

Wenn wir die Kapitalstruktur betrachten, ergibt sich eine Fremdkapitalquote von:

$$\text{Fremdkapitalquote} = \frac{(85{,}1 + 88{,}4)}{260} = 66{,}7\%$$

Damit ist das Unternehmen zu zwei Dritteln fremdkapitalfinanziert und zu einem Drittel mit Eigenkapital. Dieser Wert liegt unter 70% und ist hier vertretbar.

Bei der Betrachtung der Vermögensstruktur sehen wir eine Anlagenintensität von:

$$\text{Anlagenintensität} = \frac{157{,}1}{260} = 60{,}4\%$$

Eine Anlagenintensität von ca. 60% ist für einen Automobilhersteller normal. BMW, VW und Toyota haben beispielsweise ebenfalls Werte von knapp über 60%. Tesla liegt bei ca. 50%.

Somit zeigt die vertikale Analyse unserer Bilanz weder auf der Aktiva-Seite noch auf der Passiva-Seite Probleme auf.

Im Rahmen der horizontalen Bilanzanalyse ergeben sich die folgenden Anlagenabdeckungsgrade:

$$\text{Anlagenabdeckungsgrad I} = \frac{86{,}5}{157{,}1} = 55{,}1\%$$

$$\text{Anlagenabdeckungsgrad II} = \frac{(86{,}5 + 85{,}1)}{157{,}1} = 109{,}3\%$$

$$\text{Anlagenabdeckungsgrad III} = \frac{(86{,}5 + 85{,}1)}{(157{,}1 + 25{,}6)} = 94\%$$

Die Anlagenabdeckung ist in dem Fall akzeptabel, aber nicht optimal. Das gesamte Anlagevermögen ist langfristig finanziert, die Anlagenabdeckungsgrade I und II befinden sich jedoch im unteren Bereich des Zielkorridors. Der Anlagenabdeckungsgrad III unterschreitet sogar die 100% knapp. Dies ist negativ zu werten, könnte aufgrund der sonst akzeptablen Anlagenabdeckung jedoch noch toleriert werden, da das gesamte Anlagevermögen langfristig finanziert ist.

Die Liquidität des Unternehmens sieht wie folgt aus:

$$\text{Liquidität 1. Grades} = \frac{23{,}9}{88{,}4} = 27\%$$

$$\text{Liquidität 2. Grades} = \frac{(102{,}9 - 25{,}6)}{88{,}4} = 87{,}4\%$$

$$\text{Liquidität 3. Grades} = \frac{102{,}9}{88{,}4} = 116{,}4\%$$

Die Liquidität 1. Grades befindet sich im Zielkorridor. Die Liquidität 2. und 3. Grades hingegen liegen leicht darunter. Da die kurzfristigen Verbindlichkeiten vollständig durch Umlaufvermögen gedeckt sind, ist die Liquidität ausreichend. Wünschenswert wären hier jedoch etwas höhere Werte.

3.2.5 Die Nettofinanzverschuldung und die Nettoverschuldung

Die *Nettofinanzverschuldung* ist die Summe aller zinstragenden Verbindlichkeiten eines Unternehmens abzüglich der liquiden Mittel.

Die zinstragenden Verbindlichkeiten schließen dabei alle kurzfristigen und langfristigen zinstragenden Schulden, wie beispielsweise Verbindlichkeiten gegenüber Kreditinstituten, ein. Verbindlichkeiten aus Lieferung und Leistung sind hingegen beispielsweise nicht zinstragend und werden bei der Berechnung somit nicht berücksichtigt.

Die liquiden Mittel umfassen den Kassenbestand und schnell liquidierbare Wertpapiere, die nicht für das operative Geschäft benötigt werden. Die liquiden Mittel werden subtrahiert, da sie jederzeit zur Schuldentilgung genutzt werden könnten.

Somit ergibt sich für die Nettofinanzverschuldung die folgende Formel:

$$\text{Nettofinanzverschuldung} = \text{zinstragende Finanzverbindlichkeiten} - \text{liquide Mittel}$$

Die *Nettoverschuldung* hat beinahe die gleiche Formel wie die Nettofinanzverschuldung. Hier werden jedoch alle Verbindlichkeiten, also das gesamte Fremdkapital, anstelle der zinstragenden Finanzverbindlichkeiten herangezogen. Die liquiden Mittel werden auch hier abgezogen.

Im Folgenden werden wir einige Kennzahlen kennenlernen, mithilfe derer wir die Verschuldungssituation des Unternehmens einordnen können. Da nur die zinstragenden Schulden sich direkt auf die Zinslast auswirken, werden wir hierbei vorrangig die Nettofinanzverschuldung heranziehen. Zinsfreie Verbindlichkeiten werden somit als zinsfreies Kapital positiv gewertet. Des Weiteren stehen diesen Verbindlichkeiten meist auch Forderungen entgegen, die einen Teil dieser Verbindlichkeiten aufwiegen.

Hier ist jedoch erwähnenswert, dass Ihnen einige der vorgestellten Kennzahlen aufgrund der Uneinheitlichkeit in anderen Quellen mit der Nettoverschuldung als Bezugsgröße begegnen könnten. Dies ist eine ebenfalls mögliche Alternative, da auch zinsfreie Verbindlichkeiten eine Endfälligkeit aufweisen und am Zahltag durch liquide Mittel beglichen werden müssen.

Da ein konstant wirtschaftendes Unternehmen diese Verbindlichkeiten jedoch meist auf einem konstanten Level halten kann, wird im Folgenden zur Nutzung der Nettofinanzverschuldung tendiert. Zudem wurde die Fremdkapitalstruktur bereits weiter oben im Rahmen der vertikalen und horizontalen Bilanzkennzahlen zu Genüge analysiert.

Lediglich wenn abzusehen ist, dass eine größere Summe zinsfreies Fremdkapital getilgt werden muss und nicht durch neues, zinsfreies Fremdkapital nachersetzt werden kann, ist es sinnvoll, dieses zu berücksichtigen.

Wenn man bei der Nettofinanzverschuldung einen negativen Wert ermittelt, dann bedeutet dies, dass das Unternehmen mehr liquide Mittel als zinstragende Verbindlichkeiten aufweist. In diesem Fall wäre das Unternehmen de facto finanzschuldenfrei, was die Berechnung der folgenden Kennzahlen überflüssig machen würde.

Dies wäre sowohl ein Zeichen für die finanzielle Stabilität des Unternehmens als auch für zu große Liquiditätsreserven, was wiederum tendenziell für ein schlechtes Kapitalmanagement sprechen würde, da das Unternehmen dieses Geld weder an die Aktionäre ausschüttet, noch sinnvoll damit wirtschaftet. Damit ist eine geringe Nettofinanzverschuldung durchaus sinnvoll.

Jedoch ist eine Netto-Cash-Position natürlich nicht wirklich problematisch, sondern zeigt eher Optimierungspotenzial beim Kapitalmanagement. Dies ist stets besser als eine zu hohe Verschuldung. Die Ursache der Netto-Cash-

Position kann auch darin liegen, dass das Unternehmen keine Finanzverbindlichkeiten benötigt, da es sich ausreichend zinsfrei finanzieren kann, beispielsweise durch Verbindlichkeiten aus Lieferung und Leistung. Dies wäre dann positiv zu werten und sollte gegebenenfalls im Einzelfall geprüft werden.

Die im Folgenden vorgestellten Kennzahlen zur Nettofinanzverschuldung sollten stets im Kontext zueinander betrachtet werden, sodass ein möglichst präzises Bild der Finanzverschuldungssituation des Unternehmens entsteht.

Der (Finanz-)Verschuldungsgrad

Bei dieser Kennzahl, die oft auch als Gearing bezeichnet wird, setzen wir die Nettofinanzverschuldung mit dem bilanzierten Eigenkapital mittels der folgenden Formel ins Verhältnis:

$$\text{Verschuldungsgrad} = \frac{\text{Nettofinanzverschuldung}}{\text{Eigenkapital}}$$

Dies soll uns Auskunft über ein mögliches Missverhältnis geben.

Zur Einschätzung des errechneten Werts kann die folgende Tabelle herangezogen werden:

Verschuldungsgrad	Einschätzung
<10%	Gut
10–50%	Optimal
50–70%	In Ordnung
>70%	Gefährlich

Bei der Betrachtung dieser Kennzahl sollte besonders auf die Verknüpfung der Geschäftszahlen mit der Unternehmensrealität geachtet werden. So können große, fremdkapitalfinanzierte Investitionen oder Übernahmen die Kennzahl vorübergehend hochschnellen lassen. In so einem Fall sollte beachtet werden, ob die Verschuldung in einem vernünftigen Verhältnis zur Ertragslage steht. Dafür können die nächsten beiden Kennzahlen genutzt werden.

Beispiel: Verschuldungsgrad von Crocs

2021 ist der Verschuldungsgrad von Crocs von einem zweistelligen Wert auf über 5000% angestiegen. Der Grund hierfür war ein großes Aktienrückkaufprogramm im Zusammenhang mit der Übernahme des Schuhherstellers HeyDude, wodurch das Eigenkapital des Unternehmens deutlich reduziert wurde.

Jedoch konnte diese Investition durch die Ertragslage getragen werden und 2022 lag der Verschuldungsgrad schon unter 300%. Durch die starke Ertragslage und den steigenden Eigenkapitalanteil kann mit einer weiteren Normalisierung gerechnet werden. So kam es auch 2023 zu einer deutlichen Erhöhung des Eigenkapitals bei einem Rückgang der Nettofinanzverschuldung.

Sollte ein Unternehmen unterbilanziert sein, also ein negatives Eigenkapital aufweisen, so ist diese Kennzahl nicht anwendbar, was aber unproblematisch ist, da solche Unternehmen sowieso höchst riskant sind und gemieden werden sollten.

Das Net Debt/EBITDA

Mit dieser Kennzahl wird die ungefähre Anzahl an Jahren errechnet, welche man zur Tilgung der Nettofinanzverschuldung bräuchte, denn das EBITDA entspricht dem Betrag, der einem Unternehmen jährlich ungefähr zur Schuldentilgung zur Verfügung steht.

Dies ist selbstverständlich ein relativ theoretisches Konstrukt, da es bedingt, dass der gesamte Betrag zur Schuldentilgung verwendet werden würde, das EBITDA konstant bleibt und keine neuen Schulden anfallen. Auch bleiben beispielsweise Mittelzuflüsse aus Kapitalerhöhungen bei dieser Kennzahl unberücksichtigt.

Die Vorteile dieser Kennzahl gegenüber dem dynamischen Verschuldungsgrad sind die höhere Konstanz des EBITDA und die bessere Prognostizierbarkeit. Hierbei sollte jedoch stets eine selbstständige EBITDA-Berechnung erfolgen. Die Verwendung von EBITDA-Werten aus Geschäftsberichten ist nicht ratsam, da diese nicht einheitlich sind.

Die Formel sieht wie folgt aus:

$$\text{Net Debt/EBITDA} = \frac{\text{Nettofinanzverschuldung}}{\text{EBITDA}}$$

Zur Deutung eignet sich die folgende Tabelle:

Net Debt/EBITDA in Jahren	Einschätzung
<2	Optimal
2–5	Gut bis akzeptabel
>5	Gefährlich

Bei Wachstumsunternehmen, bei denen das EBITDA noch stark wächst oder im Falle eines krisenbedingten EBITDA-Rückgangs sollte das durchschnittliche zu erwartende EBITDA der kommenden Jahre herangezogen werden.

Der dynamische Verschuldungsgrad

$$\text{dynamischer Verschuldungsgrad} = \frac{\text{Nettofinanzverschuldung}}{\text{Free Cashflow}}$$

Diese Kennzahl ist eine Alternative zum Net Debt/EBITDA. Auch hier wird die Schuldentilgungsdauer in Jahren errechnet. Da der Free Cashflow exakt dem Betrag entspricht, den ein Unternehmen zum Tilgen seiner Schulden zur Verfügung hat, ist diese Kennzahl genauer als das Net Debt/EBITDA und bei Unternehmen mit stabilen Cashflows dementsprechend sinnvoller.

Da der Free Cashflow jedoch verzerrungsanfälliger und unbeständiger ist als das EBITDA, kann der dynamische Verschuldungsgrad hierdurch relativ ungenau werden. Um dem entgegenzuwirken, kann ein Durchschnitt des Free Cashflows der vergangenen Jahre gebildet und um die Prognose zukünftiger Entwicklungen erweitert werden.

Aufgrund der Ähnlichkeit zum Net Debt/EBITDA kann auf die obige Deutungstabelle bei der Einordnung des Ergebnisses zurückgegriffen werden.

Da sowohl der dynamische Verschuldungsgrad als auch das NetDebt/EBITDA die Finanzverschuldungssituation mit der Ertragslage vergleichen und unterschiedliche Stärken und Schwächen aufweisen, macht meist eine Berechnung beider Kennzahlen Sinn. Durch die gegenseitige Ergänzung kann die Fehleranfälligkeit reduziert werden. Bei zu stark schwankenden Free Cashflows reicht aber auch nur die Errechnung des Net Debt/EBITDA aus.

Beispiel: Steicos Nettofinanzverschuldung 2022

Steico hatte 2022 Finanzverbindlichkeiten gegenüber Kreditinstituten in Höhe von ca. 142,4 Mio. €. Im Übrigen wird in der Bilanz nicht in kurz-

und langfristige Verbindlichkeiten unterschieden. Den Erläuterungen der Bilanz kann jedoch entnommen werden, dass ca. 0,46 Mio. € davon kurzfristig waren.

Wenn man hiervon den Kassenbestand von ca. 24,2 Mio. € und die Wertpapiere in Höhe von ca. 0,1 Mio. € abzieht, dann ergibt sich eine Nettofinanzverschuldung von ca. 118,1 Mio. €.

Bei einem bilanzierten Eigenkapital von 272,2 Mio. € ergibt das einen Verschuldungsgrad von:

$$\text{Verschuldungsgrad} = \frac{118{,}1}{272{,}2} = 43{,}4\%$$

Damit liegt der Verschuldungsgrad im sehr guten Bereich.

Wenn man dem EBIT in Höhe von 65,2 Mio. € die Abschreibungen in Höhe von 24,8 Mio. € hinzuaddiert, ergibt sich ein EBITDA von 90 Mio. €. Im Vorjahr lag das EBITDA bei 91,3 Mio. €, was auf ein konstantes Niveau hindeutet. Damit liegt unser Net Debt/EBITDA bei:

$$\text{Net Debt/EBITDA} = \frac{118{,}1}{90} = 1{,}31$$

Das Unternehmen kann seine Schuldlast also innerhalb von etwas über einem Jahr vollständig tilgen. Damit stehen die Schulden in einem gesunden Verhältnis zur Ertragskraft.

Da der Free Cashflow bei Steico in den letzten Jahren stark schwankte, ist das Net Debt/EBITDA hier gegenüber dem dynamischen Verschuldungsgrad die sinnvollere Alternative.

3.2.6 Der Zinsdeckungsgrad

Wenn wir wissen wollen, ob die Zinslast eines Unternehmens in einem adäquaten Verhältnis zum Ertrag steht, können wir den Zinsdeckungsgrad heranziehen. Dieser wird wie folgt berechnet:

$$\text{Zinsdeckungsgrad} = \frac{\text{EBIT}}{\text{Zinsaufwand}}$$

Da das EBIT der Betrag ist, der für die Begleichung des Zinsaufwands zur Verfügung steht, gibt uns diese Kennzahl an, wie oft ein Unternehmen seinen Zinsaufwand aus dem operativen Ertrag eines Jahrs begleichen kann.

Liegt der Wert unter 1, so reicht das EBIT nicht für die Zinsaufwendungen aus. In dem Fall wäre eine übermäßige Finanzverschuldung zu prüfen. Sollte langfristig keine Steigerung der Ertragskraft oder Senkung der Zinslast absehbar sein, so ist der Fortbestand des Unternehmens gefährdet.

Allgemein lässt sich sagen, dass Werte unter 3 als kritisch anzusehen sind. Solche niedrigen Werte bergen nämlich die Gefahr, dass bei einem Anstieg des Zinssatzes oder einem leichten Rückgang der Ertragskraft die Zinslast bereits nicht mehr durch das operative Geschäft getragen werden kann. Sollte das EBIT aufgrund eines vorübergehenden, krisenbedingten Ertragseinbruches niedriger als üblich ausfallen, kann das mittelfristig zu erwartende EBIT für die Berechnung herangezogen werden.

Je höher der Wert ist, umso sicherer kann ein Unternehmen seine Zinslast tragen. Bei der Einordnung ist es auch ratsam, sich die historische Entwicklung der Kennzahl anzuschauen. Eine konstante Entwicklung der Kennzahl ist dabei als positiv zu werten.

Bei Wachstumsunternehmen sollte bei der Berechnung das mittelfristig zu erwartende EBIT verwendet werden.

Der Zinsaufwand kann aus der GuV entnommen werden. Dieser ist nicht mit dem Finanzergebnis zu verwechseln. In der Regel wird der Zinsaufwand mit einem Minus angegeben. Bei der Berechnung sollte auf das Vorzeichen verzichtet werden.

Sollte das EBIT negativ sein, so ist diese Kennzahl nicht anwendbar.

Beispiel: Der Zinsdeckungsgrad von Praktiker (2008)

EBIT in Tsd. €	Zinsaufwand in Tsd. €
129.088	85.796

Wenn man die Zahlen in die obige Formel einfügt, so erhält man einen Wert von ca. 1,5. Dies zeigt, dass die Zinslast bereits einen großen Anteil des operativen Ergebnisses verschlingt und sollte als Warnzeichen gedeutet werden.

In den Folgejahren ist Praktiker weiter in die Krise gerutscht, bis 2013 Insolvenz angemeldet werden musste.

3.3 Das Wachstum

Das Wachstum eines Unternehmens ist bei der Einordnung der Kennzahlen eine Einflussgröße, die nicht unbeachtet bleiben sollte. So ist der Gewinn eines wachsenden Unternehmens anders einzuordnen als der Ertrag eines stagnierenden Unternehmens.

Beispiel: Wachstum bei der Betrachtung der Gewinne

Im Folgenden betrachten wir die Unternehmen A und B.

In €	A	B
Gewinn	100 €	200 €
Wachstum	20%	2%

Das Unternehmen A hat zwar einen niedrigeren Gewinn, jedoch wächst dieser mit 20% p.a. deutlich schneller als beim Unternehmen B, wie die folgende Tabelle verdeutlicht:

	t+0	t+1	t+2	t+3	t+4	t+5	t+6
A (20%)	100	120	144	173	207	249	299
B (2%)	200	204	214	225	236	248	260

Hieraus kann entnommen werden, dass das Unternehmen A bereits nach fünf Jahren einen höheren Gewinn erwirtschaften wird als das Unternehmen B. Selbstverständlich setzt dies voraus, dass das Gewinnwachstum konstant bleibt.

Beim Thema Unternehmensbewertung werden wir das Wachstum eines Unternehmens konkret berücksichtigen. Im Rahmen unserer quantitativen Analyse geht es erst mal nur darum, die Wachstumsrate zu bestimmen.

Hierbei gilt zunächst: Je höher das Wachstum, umso besser. Aber auch die Qualität des Wachstums ist nicht irrelevant, da ein profitables Wachstum besser zu werten ist als ein unprofitables Wachstum, wie weiter unten nochmals erläutert wird.

Um das jährliche prozentuale Durchschnittswachstum eines bestimmten Zeitraums auszudrücken, können wir die Compound Annual Growth Rate (CAGR) heranziehen:

$$\text{CAGR} = \left(\left(\frac{\text{Endwert im Jahr n}}{\text{Anfangswert Jahr 0}}\right)^{\frac{1}{n}} - 1\right)$$

Hierbei steht »**n**« für die Anzahl der betrachteten Jahre.

Beispiel: CAGR des Unternehmens A

Wir nehmen an, dass das Unternehmen A aktuell 100 € im Jahr erwirtschaftet. In fünf Jahren soll der Gewinn bei 300 € liegen.

$$\text{CAGR Unternehmen A} = \left(\left(\frac{300}{100}\right)^{\frac{1}{5}} - 1\right) = 24{,}57\%$$

Somit liegt das jährliche Gewinnwachstum bei 24,57%.

Mit der CAGR lässt sich das Wachstum von Gewinn und Umsatz errechnen. Es kann sinnig sein, das Wachstum beider Positionen separat zu berechnen, da diese nicht zwangsläufig in der gleichen Geschwindigkeit wachsen müssen. Damit kommen wir zum Thema »Wachstumsqualität«.

So ist es möglich, dass der Umsatz eines Unternehmens stärker wächst als der Gewinn. Ein möglicher Grund können gestiegene Kosten sein, die nicht an die eigenen Kunden weitergegeben werden können.

Ein anderer Grund kann ein Umsatzwachstum auf Kosten der eigenen Margen sein. So kann ein Unternehmen seine Preise senken, um die Verkaufszahlen und damit auch die Umsätze zu erhöhen. Die Gewinnspanne pro verkaufte Einheit nimmt dadurch natürlich ab.

Einige Wachstumsunternehmen verfolgen teilweise aggressive Wachstumsstrategien, bei denen der Umsatz wächst, das Unternehmen jedoch Verluste erwirtschaftet. Hier wird versucht, möglichst große Marktanteile zu gewinnen, bevor der Transit in die Profitabilität erfolgt. Dabei wachsen die Verluste zu Beginn teilweise sogar mit den Umsätzen.

Für uns ist es selbstverständlich wünschenswert, wenn die Margen bei wachsenden Umsätzen konstant gehalten oder sogar erhöht werden können, also ein profitables Wachstum vorliegt.

In der letzteren Konstellation wächst der Gewinn sogar schneller als der Umsatz. Dies lässt sich häufig durch Skaleneffekte, aber teilweise auch durch preispolitische Gründe, wie das Verfolgen einer Penetrationsstrategie, erklären.

Die Preisabfolgestrategien

Die Penetrationsstrategie beschreibt die schnelle Marktdurchdringung mittels geringer Preise und das darauffolgende Anheben dieser. Das Gegenteil wäre die Abschöpfungsstrategie, welche preislich zunächst hoch ansetzt und im Anschluss durch Preissenkungen schrittweise neue Kundengruppen erschließt.

Das heißt aber nicht, dass ein Umsatzwachstum mit Verlusten per se schlecht ist, wie das folgende Beispiel verdeutlicht.

Beispiel: Unprofitables Wachstum

Tesla hat, wie bereits erwähnt, bis 2019 rote Zahlen geschrieben, konnte zeitgleich jedoch schnell im Umsatz wachsen. Das Unternehmen hat die Verluste in Kauf genommen, um Marktanteile zu gewinnen, da es seine Produktion hochskalieren musste, um profitabel produzieren zu können. Zeitgleich wusste das Unternehmen, dass diese Geschwindigkeit notwendig war, um sich gegen die etablierten Autobauer durchzusetzen und sich in der Nische einen Vorsprung zu erarbeiten. Heute zählt Tesla zu den profitabelsten Autobauern der Welt.

Eine ähnliche Strategie verfolgte Netflix. Das Unternehmen zielte zunächst auf die Gewinnung von Kunden ab. Hierdurch erzielte das Unternehmen ein schnelles Umsatzwachstum. Die Gewinne fielen in der Regel jedoch sehr gering aus. Ab 2017 wurden die Margen dann schrittweise angehoben. Die gewonnenen Marktanteile wurden dann quasi monetarisiert.

Dies ist ein sinnvolles Vorgehen, da bei einem langsameren Wachstum ansonsten die Konkurrenten, wie Disney und Amazon, die Marktanteile für sich gesichert hätten. Danach wäre eine Zurückgewinnung dieser Anteile sehr schwierig gewesen. Da Netflix ein sehr gut skalierbares Geschäftsmodell mit relativ umsatzunabhängigen Kosten hat, war der Aufbau einer großen Kundenbasis wichtiger als die anfänglich entgangenen Gewinne.

Wenn wir uns das Wachstum anschauen, dann ist es also sinnvoll, die CAGR für den Umsatz und den Gewinn einzeln zu errechnen. Dies lässt teilweise Rückschlüsse auf die Wachstumsstrategie des Unternehmens zu.

Dabei sollten wir uns nicht nur an dem vergangenen Wachstum orientieren, sondern mit Wachstumsprognosen für die nächsten Jahre arbeiten.

Ein Merkmal für qualitatives Wachstum ist es, wenn ein Unternehmen seine Kapitalrentabilität beim Wachsen konstant halten kann oder sogar erhöht.

Beispiel: Gewinnwachstum durch starke Margen

Apple hatte in den vier Jahren von 2019 bis 2023 ein durchschnittliches jährliches Umsatzwachstum von 10,2%. In der gleichen Zeit wuchs der Gewinn jährlich um 15,1%. Dies lässt sich dadurch begründen, dass Apple seine Margen konstant steigern konnte. Somit hat es ein höheres Gewinnwachstum als Umsatzwachstum.

Auch die Kapitalverzinsung konnte zeitgleich gesteigert werden, wie im Kapitel zur Kapitalrentabilität bereits erklärt wurde. Hier sehen wir ein qualitativ hochwertiges Wachstum.

Nun haben wir festgestellt, dass die Margen eines Unternehmens maßgeblich dafür sind, ob Umsatz und Gewinn gleichschnell wachsen oder nicht. Was sind jedoch die Treiber für das Umsatzwachstum an sich?

Was treibt das Umsatzwachstum?

Um es kurz zu halten: der Kapitalumschlag und das Wachstum des operativ genutzten Kapitals, also des Capital Employeds.

Wenn ein Unternehmen mehr operativ genutztes Kapital aufweist, kann es dieses im Umkehrschluss bei einer gleichbleibenden Umschlagshäufigkeit in mehr Umsatz umwandeln.

Wenn der Kapitalumschlag beziehungsweise der Umschlag des operativ genutzten Kapitals steigt, nutzt das Unternehmen sein Kapital effizienter und erzielt ebenfalls höhere Umsätze.

Die Wahl des Betrachtungszeitraums als Fehlerquelle

Wichtig ist anzumerken, dass die jährliche Wachstumsrate sehr stark von dem betrachteten Zeitraum abhängig ist, da hierbei nur die Anfangs- und Endpunkte relevant sind. Diese Fehlerquelle sollte bei der Betrachtung stets bedacht werden, wie das folgende Beispiel verdeutlicht.

Beispiel: Die Wahl des Zeitraums

Im Folgenden sieht man die Gewinnentwicklung des Unternehmens B in €:

t+0	t+1	t+2	t+3	t+4	t+5
100 €	80	95	115	120	125

Berechnet man die CAGR für den Zeitraum von t+0 bis t+6, ergibt dies ein jährliches Gewinnwachstum von 4,56%. Der Zeitraum von t+1 bis t+6 weist hingegen ein Durchschnittswachstum von 11,8% auf. Dies zeigt den Einfluss des Betrachtungszeitraums auf das Endergebnis.

Somit kann es sinnvoll sein, die Wachstumsrate über einen gesamten Konjunkturzyklus hinweg zu betrachten und das Anfangsjahr nicht auf einen Hoch- oder Tiefpunkt zu legen.

Weitere Fehlerquellen

Bevor man das Wachstum errechnet, ist unter Umständen eine grobe Bereinigung der Umsätze des Anfangs- und Endjahrs sinnvoll.

Sehr große, einmalige und nicht wiederkehrende Aufträge können bei der Berechnung der Umsätze teilweise herausgerechnet werden, da diese keine nachhaltigen Einkünfte darstellen.

Zudem sollte das organische Wachstum betrachtet werden. Dies bedeutet, dass der Einfluss von größeren Übernahmen und Wechselkursschwankungen herausgerechnet werden sollte. Diese Faktoren sind nicht prognostizierbar. Angaben zur Beeinflussung des Umsatzes durch Akquisitionen (Übernahmen) und Wechselkursschwankungen können meist dem Anhang entnommen werden. Ein um Wechselkursschwankungen bereinigtes Wachstum wird auch als »Wachstum in lokalen Währungen« bezeichnet.

3.4 Weitere Kennzahlen

Im Rahmen der quantitativen Analyse kann ein ganzes Meer an Kennzahlen errechnet werden. Viele davon haben jedoch einen sehr begrenzten Nutzen oder sind nur in Einzelfällen sinnvoll anwendbar. Aus diesem Grund versucht dieses Buch, den Fokus auf die wichtigsten Kennzahlen zu lenken, mit denen ein möglichst breites Informationsspektrum abgedeckt werden kann. Hierbei stehen vor allem die Kennzahlen zur Ertragslage und zu den finanziellen Risiken im Zentrum. Jedoch gibt es auch weitere Kennzahlen, die bei unserer Analyse aufschlussreich sein können. Einige hiervon sollen in diesem Unterkapitel behandelt werden.

3.4.1 Die Debitoren- und Kreditorenlaufzeit

Die Debitorenlaufzeit gibt mit der folgenden Formel an, wie lange ein Unternehmen auf die Begleichung seiner Forderungen aus Lieferung und Leistung in Tagen warten muss:

$$\text{Debitorenlaufzeit} = \frac{\text{Ø Forderung aus Lieferung \& Leistung} * 365}{\text{Umsatz}}$$

Um einen valideren Wert zu erhalten, sollte man die durchschnittlichen Forderungen des Geschäftsjahrs heranziehen, wie es weiter oben schon beschrieben wurde.

Diese Kennzahl ist sehr von der Branche, den Vertriebswegen und den Kunden eines Unternehmens abhängig. So haben Unternehmen mit dem Endverbraucher als Kunden (Business to Consumer) in der Regel niedrigere Werte als Zulieferer für andere Unternehmen (Business to Business).

Niedrige Werte stehen für ein gutes Forderungsmanagement und sind somit als gut anzusehen. Das Unternehmen muss also nicht lange auf die Begleichung der Forderungen warten, was sich wiederum positiv auf den Cashflow und die Liquidität auswirkt.

Wenn der Materialaufwand bekannt ist, kann auch die Kreditorenlaufzeit anhand der folgenden Formel errechnet werden:

$$\text{Kreditorenlaufzeit} = \frac{\text{Ø Verbindlichkeiten aus Lieferung \& Leistung} * 365}{\text{Materialaufwand}}$$

Auch hier sollte der Geschäftsjahresdurchschnitt der Verbindlichkeiten herangezogen werden.

Diese Kennzahl gibt die Anzahl der Tage an, die ein Unternehmen auf die Begleichung seiner Verbindlichkeiten gegenüber anderen Unternehmen wartet. Da es sich hierbei um zinsfreies Kapital handelt, versuchen viele Unternehmen, die Begleichung möglichst lange aufzuschieben. Auf diese Weise wird mehr Kapital im Unternehmen gehalten, wodurch es wiederum durch die eigene Geschäftstätigkeit oder Anlage verzinst werden kann. Aus diesem Grund werden die Verbindlichkeiten aus Lieferung und Leistung auch als Lieferantenkredite bezeichnet.

Wenn wir die Debitoren und Kreditorenlaufzeit sinnvoll deuten möchten, haben wir zwei Möglichkeiten:

Bei der ersten Möglichkeit können wir uns die Entwicklung im Zeitverlauf anschauen. Wenn die Kreditorenlaufzeit zunimmt, deutet dies darauf hin, dass das Unternehmen sich mehr Zeit bei der Begleichung von Verbindlichkeiten lassen kann. Dies ist wiederum ein Zeichen für eine besser werdende Verhandlungsposition des Unternehmens gegenüber seinen Zulieferern.

Wenn die Debitorenlaufzeit sinkt, deutet dies auf ein besser werdendes Forderungsmanagement hin. In der Regel können Unternehmen, die nicht auf einzelne Kunden angewiesen sind, Forderungen besser durchsetzen.

Eine weitere Möglichkeit der Deutung der Kennzahlen ist die Gegenüberstellung der Werte. So ist es wünschenswert, dass die Debitorenlaufzeit kleiner als die Kreditorenlaufzeit ausfällt. Dies bedeutet in dem Fall, dass das Unternehmen länger mit der Begleichung der eigenen Verbindlichkeiten wartet, als es auf die Begleichung seiner Forderungen warten muss. Somit erhält es mehr zinsfreie Lieferantenkredite, als es vergibt. Ein solches Kapitalmanagement wirkt sich positiv auf die Rentabilität des Unternehmens aus.

Beispiel: Die Debitoren- und Kreditorenlaufzeit von Steico

In Mio. €	2022	2021
Umsatz	464	-
Materialaufwand	283	-
Forderungen aus L&L	31	32
Verbindlichkeiten aus L&L	38	26

$$\text{Debitorenlaufzeit} = \frac{(31 + 32)/2 * 365}{464} = 24{,}8$$

$$\text{Kreditorenlaufzeit} = \frac{(38 + 26)/2 * 365}{283} = 41{,}3$$

Anhand der obigen Tabelle können die Debitoren- und Kreditorenlaufzeiten für das Jahr 2022 für Steico errechnet werden. Die Division durch 2 im Zähler der Berechnung erfolgte, um den Jahresdurchschnitt der Forderungen und Verbindlichkeiten zu bestimmen.

Wir sehen, dass die Debitorenlaufzeit 16,5 Tage kürzer ist als die Kreditorenlaufzeit, womit ein gutes Werteverhältnis vorliegt.

Wenn wir in den Geschäftsbericht von Steico aus dem Jahr 2022 schauen, finden wir unter »A. I. Geschäftsmodell der Steico SE« den Unterpunkt »4. Vertrieb und Kunden«. Diesem Absatz kann entnommen werden, dass Steico laut eigenen Angaben keine Abhängigkeit von einzelnen Kunden aufweist. Es gibt keinen Kunden, der mehr als 5,3% des Konzernumsatzes ausmacht und auf die zehn größten Kunden entfallen lediglich 22,7% des Konzernumsatzes.

Dies könnte der Grund für die niedrige Debitorenlaufzeit sein. Auch im Risiko-, Chancen- und Prognosebericht findet man Informationen zur Kunden- und Lieferantenabhängigkeit.

3.4.2 Der Goodwillanteil

Der Goodwillanteil gibt mit der folgenden Formel den Anteil des Goodwills am Eigenkapital an:

$$\text{Goodwillanteil} = \frac{\text{Goodwill}}{\text{Eigenkapital}}$$

Wenn ein Unternehmen ein anderes Unternehmen kauft, bezahlt es in der Regel mehr als den Buchwert, also das bilanzierte Eigenkapital, des gekauften Unternehmens. Dies ist sinnig, da ein Unternehmen laufend Werte erwirtschaftet und damit mehr wert ist als die Summe seiner Vermögenswerte abzüglich der Schulden. Zudem entstehen möglicherweise Synergieeffekte durch die Übernahme, was auch den Wert des eigenen Geschäfts steigern kann. Dies können beispielsweise Kostenvorteile durch eine höhere Skalierung oder ein technologischer Austausch sein.

Dieser Aufpreis bei Unternehmenskäufen wird als Goodwill bezeichnet und darf von dem kaufenden Unternehmen als immaterieller Vermögenswert im Anlagevermögen bilanziert werden.

Wenn dieser Mehrwert sich im Rahmen einer Werthaltigkeitsüberprüfung jedoch nicht bestätigt, das gekaufte Unternehmen also preislich zu hoch angesetzt worden ist, kommt es zu außerplanmäßigen Abschreibungen auf den Goodwill. Dies ist ein einmaliger Verlust und nicht liquiditätswirksam, es kommt also zu keinen Zahlungsmittelabflüssen.

Jedoch wirkt sich dies auf das bilanzierte Eigenkapital aus, da Vermögenswerte schwinden, was es wiederum notwendig machen würde, die finanzielle Situation des Unternehmens neu zu bewerten. So würden beispielsweise der Verschuldungsgrad und die Fremdkapitalquote bei einem geringeren Eigenkapitalanteil schlechter ausfallen.

Um dieses Risiko klein zu halten, sollte der Goodwill keinen zu hohen Anteil am Eigenkapital ausmachen. Oft wird ein Maximalwert von 30% genannt. Hierbei ist anzumerken, dass ein hoher Goodwill nicht zwangsläufig schlecht sein muss, da er, wie oben beschrieben, nicht bilanzierbare Werte abbildet, welche indirekt auch wertschaffend sein können.

Somit ist es vor allem sinnvoll, den Goodwillanteil bei der Betrachtung eines Unternehmens heranzuziehen, wenn dieses eine relativ aggressive Übernahmestrategie verfolgt, welche es mit viel Fremdkapital finanziert. In diesem Fall kann der Goodwillanteil Auskunft über das Risiko außerplanmäßiger, zukünftiger Abschreibungen geben und sollte nicht über den oben genannten 30% liegen.

Bei einem ansonsten solide finanzierten Unternehmen mit einem stabilen organischen Wachstum und gezielten und strategischen Übernahmen kann diese Kennzahl eher nachrangig betrachtet werden. Ein zu hoher Wert ist aber auch hier nicht ratsam.

Im Zweifel kann das Eigenkapital im Rahmen der quantitativen Analyse bei hohen Goodwillanteilen nach unten korrigiert werden. Bei der Höhe der Korrektur kann man sich beispielsweise vorstellen, dass man den Goodwill bis auf einen Wert von ca. 30% abschreibt.

3.4.3 Die Aufwandsquoten

In diesem Unterkapitel behandeln wir mit den Aufwandsquoten einen ganzen Kennzahlenblock, mit dem wir sowohl mögliche Risiken als auch Chancen abschätzen können.

Hierbei ist anzumerken, dass nicht immer alle Aufwandsquoten errechnet werden können, da nicht jede Kostenposition in jedem Jahresabschluss aufgeführt wird. Die Personalkosten lassen sich beispielsweise oft nur im Gesamtkostenverfahren finden.

Beim Umsatzkostenverfahren sollten die Aufwendungen mit dem Umsatz ins Verhältnis gesetzt werden, im Gesamtkostenverfahren mit der Gesamtleistung des Unternehmens.

Theoretisch lassen sich aus allen Kostenpositionen Quoten errechnen, die Rückschlüsse zulassen. Wir möchten uns hier jedoch auf die drei relevantesten Quoten konzentrieren:

$$\text{Personalaufwandsquote} = \frac{\text{Personalaufwand}}{\text{Gesamtleistung}}$$

$$\text{Materialaufwandsquote} = \frac{\text{Materialaufwand}}{\text{Gesamtleistung}}$$

$$\text{Forschungs- und Entwicklungskostenquote (F\&E)} = \frac{\text{F\&E-Kosten}}{\text{Umsatz}}$$

Sollte die F&E-Quote im Gesamtkostenverfahren berechnet werden, dann ist die obige Formel selbstverständlich so abzuwandeln, dass im Nenner die Gesamtleistung eingetragen wird.

Die Personalaufwandsquote ist besonders im Krisenfall interessant, da die Personalkosten zu einem gewissen Grad fix sind und im Krisenfall vorerst weiterhin anfallen, auch wenn der Umsatz rückläufig ist. Die Senkung kann nicht so schnell erfolgen wie beim Materialaufwand und birgt die Gefahr, dass das Unternehmen die Mitarbeiter im Aufschwung nicht nachersetzen kann. Bei einer Personalaufwandsquote von über 50% spricht man von einem personalkostenintensiven Unternehmen.

Beim Vergleich von zwei Unternehmen derselben Branche kann eine niedrigere Personalaufwandsquote auch für eine höhere Effizienz in der Produktion stehen, beispielsweise durch einen höheren Automatisierungsgrad. Aber auch das Lohnniveau der Produktionsstandorte spielt hier mit hinein.

Eine hohe Materialkostenquote steht dagegen eher für Flexibilität, da die Materialkosten bei rückläufigem Umsatz theoretisch sogar selbstständig sinken, wenn die Produktion reduziert wird. Hierbei handelt es sich zum größten Teil um variable Kosten.

Eine Erhöhung dieser Quote kann auf Preiserhöhungen im Materialeinkauf hindeuten.

Selbstverständlich ist es wünschenswert, dass Unternehmen ihre Kosten allgemein niedrig halten können. Bei diesen Quoten geht es eher darum zu verstehen, dass bestimmte Kostenpositionen individuelle Risiken, aber auch Vorteile gegenüber anderen bergen.

Die Forschungs- und Entwicklungskostenquote ist dahin gehend interessant, da sie ein Hinweis auf die Innovationskraft des Unternehmens sein kann. In einigen schnelllebigen Branchen ist es sogar eine Notwendigkeit, technologisch mithalten zu können.

Zudem ist dies ein Kostenfaktor, der die zukünftige Rentabilität des Unternehmens durch neue Technologien steigern kann. Auch hat diese Kostenposition den Vorteil, dass sie im Falle eines Umsatzeinbruchs reduziert werden kann, ohne sich direkt auf das operative Geschäft auszuwirken.

Beispiel: Ein Vergleich der F&E-Quote verschiedener Land- und Baumaschinenhersteller

In Mio. US$	Deere & Co.	CNH Industrial	AGCO
Umsatz bzw. Gesamtleistung	52.557	23.473	12.651
F&E-Kosten	1.912	881	444
F&E-Quote	3,6%	3,7%	3,5%

Bei CNH Industrials wurden die Zahlen aus dem IFRS-Abschluss herangezogen.

Die Branche ist für den Vergleich der Forschungs- und Entwicklungskosten besonders interessant, da der Agrarsektor viele Anwendungsbereiche für die Nutzung innovativer Technologien, wie der künstlichen Intelligenz, bietet. Hier besteht ein enormes Potenzial, die Effizienz der Nutzung von Land, Personal und damit auch Kapital zu steigern.

Dementsprechend investieren die großen Unternehmen dieser Branche einen Teil ihres Umsatzes in die Forschung und Entwicklung. Würden wir hier lediglich die F&E-Quoten betrachten, sähe es so aus, als wären alle drei Unternehmen gleichauf. Da Deere als Marktführer jedoch deutlich mehr Umsatz erwirtschaftet als die beiden nächstgrößten Konkurrenten zusammen, sind auch die absoluten F&E-Kosten deutlich höher.

Dadurch kann sich das Unternehmen allein durch seine Größe einen technologischen Vorsprung sichern.

Damit AGCO, zu dem auch der deutsche Traktorenhersteller Fendt gehört, auf dieselben Ausgaben für Forschung und Entwicklung käme, bräuchte es eine F&E-Quote von über 15%.

Der vergleichsweise kleine deutsche Landmaschinenhersteller Claas müsste sogar fast die Hälfte seines Umsatzes in die Forschung und Entwicklung investieren.

Die F&E-Quote ist zwar ein gutes Indiz für die Innovationsbereitschaft eines Unternehmens. Im direkten Vergleich macht aber auch eine Betrachtung der absoluten Zahlen Sinn.

Kapitel 4

Die qualitative Analyse: Ein Unternehmen verstehen

Die Geschäftszahlen sind der Beleg für das erfolgreiche oder defizitäre Wirtschaften in der Vergangenheit und ein Hinweis auf die zukünftige Entwicklung eines Unternehmens. Zwar ermöglicht uns die quantitative Analyse einige Rückschlüsse, sie benennt jedoch nicht die Ursachen für die jeweiligen geschäftlichen Zustände und Entwicklungen.

Für diese Ursachenbestimmung widmen wir uns daher der qualitativen Analyse. Diese schaut sich nämlich das Unternehmen losgelöst von den Geschäftszahlen an und sucht nach den Gründen für dessen Wertschöpfungskraft. Dabei werden die für uns wichtigsten Informationen aus dem Meer an verfügbaren Daten herausgefiltert und ausgewertet.

Um dies zu systematisieren, konzentrieren wir und im Rahmen der Analyse auf drei Schritte:

1. Die Unternehmensanalyse
2. Die Umfeldanalyse
3. Die Ergebnisauswertung mittels der SWOT-Analyse

Dies entspricht zu einem gewissen Anteil dem Bottom-up-Ansatz, bei dem zuerst eine Unternehmensanalyse und im Anschluss eine Branchenanalyse erfolgen würde. Der dritte Analyseschritt nach diesem Ansatz wäre die Globalanalyse, welche wir jedoch in Teilen mit der Branchenanalyse im Rahmen der Umfeldanalyse kombinieren. Der Anteil der Globalanalyse ist aufgrund der Nichtprognostizierbarkeit makroökonomischer Veränderungen jedoch vergleichsweise gering. Stattdessen steht die Anfälligkeit des Unternehmens und der Branche für äußere Einflüsse im Vordergrund.

Am Ende der Analyse soll ein klares Bild von dem Unternehmen entstehen. Dazu müssen Sie:

- Das Geschäftsmodell verstehen
- Die Erfolgsfaktoren des Unternehmens kennen
- Die Unternehmensstrategie verstehen
- Die Schwächen kennen
- Das Management beurteilen können
- Die externen Einflussfaktoren einschätzen
- Die Branchenstruktur verstehen
- Die Wechselwirkung von Stärken, Schwächen, Chancen und Risiken einschätzen können

Somit lassen sich nach dieser dreiteiligen Analyse valide Prognosen für die Bewertung des Unternehmens aufstellen, die mit qualitativen Argumenten gestützt und quantitativ untermauert werden können.

4.1 Die Unternehmensanalyse

Im Folgenden werden wir die Analyse des Unternehmens vor dem Hintergrund qualitativer Gesichtspunkte durchführen. Vorab ist jedoch anzumerken, dass das untersuchte Unternehmen unseren Kompetenzbereich nicht überschreiten darf. Dies bedeutet, dass wir das Unternehmen, seine Produkte und sein Geschäftsmodell verstehen müssen.

Wenn wir also im Rahmen der Analyse feststellen müssen, dass wir ein Geschäftsmodell nicht verstehen oder nicht vernünftig einschätzen können, ist eine Fortsetzung der Analyse nicht zielführend. Wir sollten uns stattdessen auf Unternehmen konzentrieren, die in unserem Kompetenzbereich liegen.

Sie sollten vor allem verstehen, wo die Wertschöpfung in der Tätigkeit eines Unternehmens liegt. Dies ist bei einem Konsumgüterhersteller in der Regel einfacher als bei einem Hochtechnologieunternehmen, was natürlich nicht bedeutet, dass Sie diese vollständig aus Ihren Analysen ausschließen sollten. Wenn Sie technisch versiert und sich sicher sind, dass Sie das Geschäftsmodell verstehen, spricht hier nichts dagegen. Klar sollte jedoch auch sein, dass ein Techniklaie sich bei der Einschätzung eines Krypto-Start-ups schneller verschätzen kann als bei der Analyse eines konservativen Geschäftsmodells.

Beispiel: Missverständnisse beim Geschäftsmodell von McDonald's und Sixt

Um zu verdeutlichen, wie schnell ein Geschäftsmodell missverstanden werden kann, gibt es hier eine kleine Anekdote:

1974 soll Ray Kroc, der damalige Inhaber von McDonald's, angeblich mit einigen Studenten in eine Bar gegangen sein. Dort soll er die Studenten gefragt haben, in welcher Branche er tätig sei. Als die Studenten aus voller Überzeugung antworteten, dass er in der Fast-Food-Branche wirtschafte, soll Kroc ihnen überraschend widersprochen haben, dass er in der Immobilienbranche tätig sei.

Und tatsächlich erwirtschaftet das Unternehmen auch heute noch große Anteile seiner Einnahmen durch die Immobilienvermietung an Franchisenehmer. 2022 hatte McDonald's Immobilien und Landflächen im Wert von insgesamt über 38,1 Mrd. US$ in der Bilanz stehen. Bei einer Bilanzsumme von 50,4 Mrd. US$ machen Landflächen und Immobilien demnach über 75% des Unternehmensvermögens aus.

Ein ähnliches Beispiel wäre Sixt. Das Unternehmen wird weitestgehend als Automobilvermietung wahrgenommen, was in großen Teilen auch stimmt. Jedoch befindet sich das Unternehmen im Wandel zu einer Mobilitätsplattform mit dem Ziel, ein umfassendes Mobilitätsangebot durch die Kombination der eigenen Produkte zu erschaffen. Quasi eine Autovermietung, ein Fahrdienst, Carsharing und weitere Mobilitätslösungen in einer App und jederzeit flexibel für die Kunden verfügbar. Erst durch eine genauere Betrachtung wird hier deutlich, dass das Geschäftsmodell weiter gefasst ist, als man zunächst erwarten würde.

4.1.1 Ein Überblick

Der erste Eindruck

Dieser Schritt ist ein einfaches Zusammentragen von interessanten und relevanten Informationen.

Man schaut, was das Unternehmen macht, ob es relevante Neuigkeiten zu dem Unternehmen gibt, wie die Kundenmeinungen ausfallen oder was so in Fachzeitschriften zu den Produkten des Unternehmens geschrieben wird. Auch die Geschichte des Unternehmens kann bei der ersten Betrachtung interessant sein.

Beispiel: Wie Sixt zwei Mal seine Fahrzeugflotte verloren hat

Ein Beispiel für eine interessante Unternehmensgeschichte ist die von Sixt. Das Unternehmen musste in beiden Weltkriegen seine Fahrzeugflotte an das Militär abtreten, hat es aber immer wieder geschafft, sich nach dem Verlust neu aufzubauen. Dies zeugt von einem starken Unternehmergeist bei diesem bis heute familiengeführten Unternehmen.

Dieser Schritt vermittelt einen ersten Überblick und man sollte das Geschäftsmodell hiernach in den Grundzügen verstanden haben. Im Anschluss widmet man sich genauer den Produkten und Märkten des Unternehmens.

Die Produkte und Märkte

Konkret schauen wir uns in diesem Schritt an, wo und womit ein Unternehmen sein Geld verdient. Dazu macht ein Blick in die Segmentberichterstattung Sinn.

Hierbei versuchen wir, die folgenden Fragen zu beantworten:

- Welche Produkte beziehungsweise Produktkategorien und Dienstleistungen vertreibt das Unternehmen?
- In welche Geschäftszweige (Sparten) ist das Unternehmen unterteilt?
- In welchen Märkten ist das Unternehmen aktiv?
- Welche Zielgruppen bedient das Unternehmen?

Nachdem diese Fragen so weit wie möglich beantwortet worden sind, geht es etwas tiefer in die Analyse der Bereiche.

Hierzu können die folgenden Leitfragen hilfreich sein:

- Auf welche Bereiche (Märkte oder Produktgruppen) entfallen die größten Umsätze?
- Welche Bereiche erzielen das größte Wachstum?
- Sind einige Bereiche besonders profitabel oder besonders unprofitabel?
- Sind in den kommenden Jahren größere Veränderungen geplant (z.B. Expansionspläne, Rückzug aus bestimmten Märkten)?
- Treten Synergieeffekte zwischen den Produkten auf?
- Welche Teile der Wertschöpfungskette kontrolliert das Unternehmen?

Diese Analyse soll uns Auskunft darüber geben, wo im Unternehmen das meiste Geld verdient wird und wo das Unternehmen am stärksten wächst.

Hier werden beispielsweise Abhängigkeiten von bestimmten Märkten oder Produkten sichtbar, was Klumpenrisiken zutage fördern kann.

Dies soll uns zeigen, wie gut das Unternehmen im Hinblick auf seine Produkte und Märkte diversifiziert ist und ob innerhalb der Produktpalette Synergieeffekte auftreten.

Beispiel: Fielmann

Fielmann ist nicht nur in der Augenoptik als Geschäftsbereich tätig, sondern auch in der Hörakustik. Damit liegt ein Synergieeffekt zwischen den Produktkategorien vor, da vergleichsweise viele ältere Kunden beides benötigen. Somit können die Kunden bei Fielmann vollumfänglich bedient werden. Die Produktpalette umfasst unter anderem auch Sonnenbrillen und Kontaktlinsen. Man kann bei Fielmann also alles kaufen, was man für seine Augen und Ohren benötigt. Dieses Ausschöpfen von Kundenbeziehungen durch das Angebot ergänzender Produkte wird im Marketing übrigens als Cross-Selling bezeichnet.

Da Fielmann sowohl sehr günstige als auch relativ hochwertige Produkte anbietet, kann das Unternehmen auch auf das Upselling als Verkaufsstrategie zurückgreifen. Hierbei kann der Umsatz gesteigert werden, indem den Kunden im Kaufprozess die Option auf den Erwerb eines hochwertigeren Alternativprodukts geboten wird.

Zudem kontrolliert Fielmann die gesamte Produktionskette der eigenen Produkte. Vom Design über die Produktion bis hin zum Vertrieb wird alles von dem Unternehmen durchgeführt. Auch arbeitet das Unternehmen an digitalen Produkten zur Ergänzung des eigenen Sortiments, wie digitalen Augenvermessungsverfahren und Apps zum digitalen Anprobieren von Brillen. Somit liegt ein hoher Grad an vertikaler Integration vor.

Das Unternehmen betrachtet die D-A-CH-Region, also Deutschland, Österreich und die Schweiz, als seinen Kernmarkt, wobei es Niederlassungen in Süd-, West- und Osteuropa unterhält und hier weiterwachsen möchte. Auch Expansionen nach Nordamerika sind im Gange.

Wenn ein Unternehmen von einem einzigen Markt abhängig ist, können regionale Krisen für das Unternehmen gefährlich werden. Wenn das Unternehmen sich nur auf wenige Produkte beschränkt, so ist das Unternehmen umso mehr auf den Erfolg dieser einzelnen Produkte angewiesen.

Ein Unternehmen, welches in Bezug auf seine Produkte und Märkte hingegen breit diversifiziert ist, hat hier einen Vorteil durch die Risikostreuung.

Beispiel: Die Schwäche von Netflix

Amazon, Disney und Apple haben eine Gemeinsamkeit. Bei allen kann man, wie auch bei Netflix, Filme und Serien streamen. Jedoch haben alle diese Unternehmen weitere Geschäftsbereiche, in denen sie wirtschaften. Netflix ist hingegen ein reiner Streamingdienstanbieter.

Sollte das Streamen von Filmen durch eine neue, disruptive Form der Heimunterhaltung ersetzt werden, so könnten die zuerst genannten Unternehmen auf ihre sonstigen Geschäftsfelder ausweichen.

Netflix hingegen hat nur das eine Geschäftsfeld und stünde vor einer existenziellen Bedrohung, wenn es sein Geschäftsmodell nicht schnell genug anpassen könnte.

4.1.2 Die Erfolgsfaktoren

Die Erfolgsfaktoren eines Unternehmens sind sowohl seine Wettbewerbsvorteile gegenüber der Konkurrenz als auch qualitative Merkmale, die seine Rentabilität oder Stabilität an sich fördern.

Je mehr solcher Erfolgsfaktoren ein Unternehmen aufweist, umso besser kann es seine eigene Marktposition verteidigen und ausbauen. Gelegentlich werden diese Merkmale auch als Burggräben bezeichnet. Dieser Begriff wurde von Warren Buffett geprägt und beschreibt die wirtschaftliche Verteidigungsfähigkeit eines Unternehmens mittels solcher Wettbewerbsvorteile gegenüber der Konkurrenz.

Einige Erfolgsfaktoren lassen sich dabei teilweise auch von Michael E. Porters Wertschöpfungskette ableiten, während andere eher Besonderheiten in der Organisation, der Branche oder im Geschäftsmodell sind. Da wir diese im weiteren Verlauf jedoch nicht genauer klassifizieren werden, ist diese Unterscheidung für uns nachrangig.

Bei Ihrer Analyse sollte Ihr Ziel sein, herauszufinden, welche der im Folgenden beschriebenen Erfolgsfaktoren auf das von Ihnen untersuchte Unternehmen zutreffen. Zudem sollten Sie beurteilen, wie stark die jeweiligen Merkmale ausgeprägt sind. So erhalten Sie ein relativ gutes Stärkenprofil des Unternehmens.

Sollte keiner der Erfolgsfaktoren auf das Unternehmen zutreffen, ist dies als problematisch zu werten, da das Unternehmen dann über keine qualitativen Vorteile gegenüber der Konkurrenz verfügt und Probleme haben könnte, seine Marktposition dauerhaft aufrechtzuerhalten.

Kostenvorteile

Wenn ein Unternehmen geringere Kosten als die Konkurrenz hat, ist dies ein massiver Wettbewerbsvorteil. Das Unternehmen kann seine Konkurrenz dadurch preislich unterbieten oder diesen Kostenvorteil als zusätzlichen Gewinn einbehalten. Dies macht ein Unternehmen zudem krisenbeständiger, da mehr Spielraum bei Preisanpassungen besteht.

Diese Kostenvorteile können verschiedene Gründe haben. Zum einen kann dies durch eine effiziente Organisationsstruktur bedingt sein, wie wir weiter unten bei Ryanair sehen werden. Zum anderen kann eine effiziente Produktion, beispielsweise aufgrund innovativer Fertigungsverfahren wie bei Tesla oder die Verfügbarkeit günstiger Inputfaktoren, ein Grund für einen Kostenvorteil sein.

Solche Inputfaktoren können der günstige Zugang zu Rohstoffen oder die Verfügbarkeit günstiger Arbeitskräfte am Produktionsstandort sein.

Kostenvorteile sind insbesondere dann ein Wettbewerbsvorteil, wenn diese nur schwer durch die Konkurrenz nachzuahmen sind.

Beispiel: Kostenvorteile durch geologische Gegebenheiten

Selbst geologische Gegebenheiten können einen Kostenvorteil darstellen. Für den Abbau von Uran gibt es beispielsweise verschiedene Förderungsmethoden. Die Wahl der Methode hängt dabei von der Bodenbeschaffenheit und der Abbautiefe ab. So haben die Inhaber von Förderungsrechten in Gebieten mit der Möglichkeit zum Lösungsbergbau einen Kostenvorteil, da diese Methode häufig günstiger ist als der Tief- und Tagebau.

Größenvorteile

Es kann auch ein Wettbewerbsvorteil sein, das größte Unternehmen einer Branche zu sein. Dies bietet zum einen Kostenvorteile durch sogenannte Skaleneffekte, da die Fixkosten und einige Investitionen sich auf einen größeren Umsatz verteilen. So können große Unternehmen beispielsweise höhere Beträge in die Forschung und Entwicklung investieren als kleine Konkurrenten und sich damit einen dauerhaften Wettbewerbsvorteil sichern. Dies haben wir bereits beim Vergleich der F&E-Ausgaben der Landmaschinenhersteller gesehen.

Zum anderen profitieren große Unternehmen häufig auch von Verbundeffekten. Verbundeffekte sind Synergieeffekte zwischen Teilbereichen des Unternehmens, die zur Kosteneffizienz beitragen.

Beispiel: Verbundeffekte

Stellen Sie sich vor, dass das Unternehmen A Akkuschrauber und Akkusägen herstellt. Nun könnte das Unternehmen Kosten sparen, indem es für beide Produktlinien auf dieselben Baukomponenten zurückgreift. In dem Fall könnte es für die Schrauber und Sägen die gleichen Elektromotoren und die gleichen Akkus verwenden. Dadurch bräuchte es weniger Maschinen für die Produktion.

Solche Synergien werden als Verbundeffekte (Economies of Scope) bezeichnet.

Auch können es große Unternehmen eher verkraften, wenn einzelne Projekte scheitern oder nicht den gewünschten Ertrag erzielen. Dies ermöglicht es großen Unternehmen, riskantere Projekte zu wagen.

Stark skalierbare Geschäftsmodelle

Eine starke Skalierbarkeit bei einem Produkt liegt vor, wenn dieses nach der einmaligen Entwicklung zu sehr geringen Kosten hergestellt und vertrieben werden kann.

Dies verteilt die Fix- und Entwicklungskosten auf viele Produkte und lässt sie dadurch gering werden, was sich wiederum positiv auf die Margen auswirkt.

Dieser Erfolgsfaktor ist jedoch nicht zwangsläufig als Wettbewerbsvorteil anzusehen, da er häufig für die gesamte Branche gilt.

Beispiel: Stark skalierbare Produkte

Software ist extrem gut skalierbar. Nach der einmaligen Entwicklung kann diese endlos vervielfältigt werden und der Vertrieb kann fast vollständig digital erfolgen, was zu sehr geringen Folgekosten führt. Denken Sie beispielsweise an die Officeanwendungen von Microsoft. Diese hohe Skalierbarkeit ist auch ein Faktor für die starke Rentabilität des Unternehmens.

Ein weiteres Beispiel für ein gut skalierbares Geschäftsmodell ist das von Netflix. Mit einer wachsenden Kundenzahl sinken hier die Kosten pro Kunde.

Auch Bücher und Medikamente können gut skaliert werden. Wenn ein Buch geschrieben worden ist, kann es beliebig oft nachgedruckt werden. Ein Medikament kann nach der Entwicklung beliebig oft nachproduziert werden.

Hohe Wechselkosten

Wechselkosten sind die Kosten, die ein Kunde hat, wenn er einen Anbieterwechsel durchführen möchte. Hierbei sind nicht nur monetäre Kosten gemeint, sondern auch der Wechselaufwand und mögliche Leistungs- und Komforteinbußen.

Hohe Wechselkosten erhöhen die Kundenbindung des Unternehmens und verleihen ihm eine gewisse Preissetzungsmacht. Diese Möglichkeit zu nachträglichen Preiserhöhungen, ohne den Verlust der Kunden fürchten zu müssen, wirkt sich positiv auf die Rentabilität aus, weswegen hohe Wechselkosten bei einem Unternehmen aus Investorensicht wünschenswert sind.

Beispiel: Wechselkosten

Das wohl bekannteste Beispiel für hohe Wechselkosten sind vermutlich die Rasierer von Gillette. Das Unternehmen verkaufte Rasierer, die nur mit den eigenen Wechselklingen kompatibel waren. Dies führte dazu, dass die Kunden sich einen neuen Rasierer kaufen mussten, wenn sie die Klingen eines anderen Herstellers nutzen wollten.

Auch Apple macht sich hohe Wechselkosten zunutze. Da Appleprodukte in der Regel nur untereinander kompatibel sind, können Kunden ihr iPhone meist nur unter Inkaufnahme hoher Wechselkosten durch ein Android-Smartphone austauschen, da sie ansonsten das gesamte Zubehör, wie Kopfhörer oder Smartwatch, ebenfalls austauschen müssten. Da Appleprodukte untereinander über einen hohen Integrationsgrad verfügen, bedeutet der Wechsel neben den monetären Kosten auch Komforteinbußen und einen erhöhten Aufwand, beispielsweise bei der Datenübertragung auf das neue Smartphone.

Abomodelle weisen in der Regel ebenfalls Wechselkosten auf. Diese liegen meist im Wechselaufwand. So bleiben viele Kunden bei ihrem Stromanbieter, weil sie zu bequem sind, einen Anbieterwechsel durchzuführen, auch wenn es günstigere Alternativen auf dem Markt gäbe. Aus diesem Grund versuchen viele Anbieter, den Wechsel zum eigenen Angebot möglichst einfach zu gestalten und bieten einen Kündigungsservice für den Vorgängervertrag an.

Ein Beispiel für geringe bis nicht vorhandene Wechselkosten wären Lebensmittel im Einzelhandel. Es bestehen beispielsweise keine Wechselkosten, wenn Sie von Kuhmilch auf Hafermilch umsteigen möchten.

Netzwerkeffekte

Besonders interessant sind Geschäftsmodelle mit Netzwerkeffekten, da diese die eigene Marktposition, wie ein Burggraben, nachhaltig schützen.

Netzwerkeffekte zeichnen sich dadurch aus, dass das Angebot durch eine steigende Kundenzahl immer lukrativer wird.

Einige Produkte sind mit einer zu geringen Nutzerzahl beispielsweise nutzlos. Stellen Sie sich vor, Sie hätten als einziger Mensch ein Telefon. Wen könnten Sie anrufen? Je mehr Ihrer Freunde jedoch ebenfalls ein Telefon besitzen, umso interessanter wäre das Produkt damit auch für Sie, da es immer mehr Menschen gäbe, mit denen Sie telefonieren könnten.

Hier tritt ein sich selbst verstärkender Effekt auf. Ein Produkt wird immer besser, je mehr Kunden es nutzen, was wiederum weitere Kunden anzieht und die eigene Marktposition immer weiter stärkt. Dies macht es der Konkurrenz zunehmend schwerer, mit einem neuen Produkt in diesen Markt einzutreten, da dieses aufgrund der anfänglich geringen Kundenzahl deutlich weniger Nutzen bieten würde als der Platzhirsch der Branche. Selbst wenn das neue Produkt an sich genauso gut oder besser wäre.

Damit machen Netzwerkeffekte das Verlangen höherer Preise möglich und stellen einen dauerhaften Wettbewerbsvorteil dar.

Beispiel: Netzwerkeffekte

Soziale Netzwerke, wie Facebook, sind ein gutes Beispiel für Netzwerkeffekte. Je mehr Nutzer ein soziales Netzwerk hat, umso interessanter wird die Nutzung für den einzelnen Nutzer, da dieser sich dann mit mehr anderen Nutzern vernetzen kann. So hat studiVZ in der Vergangenheit beispielsweise immer mehr Nutzer an Facebook verloren, bis es irgendwann in der Bedeutungslosigkeit verschwunden ist.

Noch besser sieht man Netzwerkeffekte bei Onlinemarktplätzen. Je mehr Kunden ein Onlinemarktplatz hat, umso lukrativer wird dieser für die Händler, was das Angebot erhöht und damit weitere Kunden anzieht. Das kann man bei Amazon beobachten. Hier hat dieser indirekte Netzwerkeffekt zur Marktführerschaft verholfen. Aber auch Google Play profitiert von so einem Netzwerkeffekt.

Auf dem Gebrauchtwarenmarkt können Kleinanzeigen (ehemals Ebay Kleinanzeigen) als Profiteur von einem starken Netzwerkeffekt genannt werden.

Produkte mit einer konstanten Nachfrage

Viele Unternehmen haben Probleme in wirtschaftlichen Abschwungphasen. Dies ist insbesondere der Fall, wenn es sich bei den Produkten des Unternehmens aus Kundensicht um teure und langlebige Anschaffungen handelt, deren Kauf in der Krise aufgeschoben werden kann, bis sich die finanziellen Rahmenbedingungen bessern. Beispiele für solche Produkte wären Möbel und Kraftfahrzeuge.

Zeitgleich gibt es Produkte, deren Nachfrage weniger stark oder gar nicht an konjunkturelle Zyklen gebunden ist. Grundnahrungsmittel und Hygieneartikel wären ein Beispiel hierfür. Diese Produkte werden immer gekauft, da ein dauerhafter Bedarf besteht. Auch Abomodelle fallen aufgrund der langen Laufzeit und der konstanten Einnahmen in diese Kategorie.

Jedoch sollte beachtet werden, dass ein Umstieg der Kunden auf günstigere Ausweichprodukte möglich ist. So könnten die Kunden in der Krise von einer teuren Lebensmittelmarke zu Discounterprodukten wechseln.

Diese Krisenbeständigkeit kann bei Unternehmen mit einer konstanten Nachfrage als Erfolgsfaktor angesehen werden, da sie einem Unternehmen Sicherheit verleiht. Zeitgleich ist dieser Erfolgsfaktor nicht zwangsläufig auch ein

Wettbewerbsvorteil, da häufig die gesamte Branche von diesem Umstand profitiert.

Schützende Umstände

Stellen Sie sich vor, ein Unternehmen wäre als einziges dazu berechtigt, in einem Markt zu wirtschaften oder ein bestimmtes Produkt herzustellen. Das wäre ein rechtlicher Vorteil, welcher zu einem Monopol führen würde. Wenn der Markt wenigen großen Unternehmen vorbehalten wäre, würde man von einem Oligopol sprechen.

Sie können sich sicher vorstellen, warum solche Zustände vorteilhaft für diese Unternehmen wären. Geringer oder nicht vorhandener Wettbewerb steigert die Preissetzungsmacht.

Jedoch sind Monopole selten. Da Wettbewerb wichtig für eine Wirtschaft ist, werden diese durch Kartellämter aktiv verhindert.

Es gibt aber Unternehmen, die sich den Markt mit wenigen großen Mitwettbewerbern teilen, also in einem Oligopol wirtschaften. Dies wird meist durch eine schwere Zugänglichkeit des Markts für neue Mitwettbewerber erreicht. Die Gründe können beispielsweise lang laufende Verträge sein, die den bestehenden Anbietern Marktanteile sichern und Kunden binden.

Aber auch exklusive Schürf- und Abbaurechte für Rohstoffförderer können solche rechtlichen Vorteile darstellen.

Als begünstigender Zustand kann auch eine bestehende Infrastruktur genannt werden, die von den marktbeherrschenden Unternehmen kontrolliert wird. Dies können wir beispielsweise am deutschen Mobilfunkmarkt sehen. Das Mobilfunknetz ist im Besitz von nur drei Mobilfunkanbietern. Auch das weiter unten ausgeführte Beispiel des Duopols von Boeing und Airbus kann hier genannt werden. Bei diesem spielt auch eine gewisse politische Förderung der Unternehmen eine Rolle.

Zeitgleich sollte aber angemerkt werden, dass fehlender Wettbewerb Unternehmen auch ineffizient und träge machen kann.

Vorteile durch immaterielle Vermögenswerte

Wenn ein Unternehmen in der Lage ist, durch seine Marken, Patente oder seine exklusiven Technologien einen Aufpreis auf die eigenen Produkte zu verlangen, dann ist dies ein dauerhafter Wettbewerbsvorteil, der zu kontinuierlich höheren Margen führt.

Dieser Erfolgsfaktor kann jedoch nur angenommen werden, wenn der immaterielle Vermögenswert, also beispielsweise die Marke, sich in höheren Preisen widerspiegelt.

Beispiel: Starke Marken

Coca-Cola hat über die Jahre eine sehr starke Marke aufgebaut. Das Unternehmen kann durch seine Marke einen Aufpreis für die eigenen Getränke verlangen. Zeitgleich können es sich viele Gastronomiebetriebe und Einzelhändler nicht erlauben, Coca-Cola aus dem Sortiment zu nehmen. Damit kommt der Marke auch eine gewisse Schutzfunktion zu.

Starke Marken sind vor allem im Luxussektor wichtig. Hier wird zwar Qualität geboten, jedoch übersteigt der Preis bei solchen Marken häufig den qualitativen Mehrwert des Produkts und ermöglicht extrem hohe Margen. **Rolex** ist ein gutes Beispiel für eine solche Luxusmarke.

Auf Unternehmensebene kann hier **LVMH** genannt werden. Dem Unternehmen gehören Marken wie Louis Vuitton, Hennessy, Tiffany & Co. und viele mehr. Hier sehen wir enorme Preisaufschläge durch die Marken, wobei die Nachfrage fast losgelöst vom Preis ist.

Aber auch andere Sektoren haben Unternehmen, die allein aufgrund ihres Markennamens höhere Preise verlangen können. Auf dem Smartphone-Markt wäre dies beispielsweise **Apple**. Das Unternehmen hat Stand 2023 die wertvollste Marke der Welt.

Der technologische Vorsprung und Patente sind ebenfalls von großer Bedeutung, vor allem in Branchen, die stark von der technologischen Entwicklung abhängen. Die Automobilindustrie ist hierfür ein gutes Beispiel. Patente können hier fast als Tauschmittel angesehen werden, die ein Unternehmen interessanter für Kooperationen und den technologischen Austausch machen. Wenn ein Unternehmen in einer solchen Branche über wenige exklusive Technologien verfügt, hat es den Kooperationspartnern schließlich auch wenig im Austausch für deren Know-how zu bieten.

Vorteile durch Stärke in Vertrieb und Marketing

Aus Porters Wertschöpfungskette lässt sich ableiten, dass ein Unternehmen auch durch Vorteile im Vertrieb und Marketing einen Wettbewerbsvorteil gegenüber der Konkurrenz erlangen kann. Dies scheint logisch, da ein Unternehmen, welches ein gutes Vertriebsnetz aufweist und die Produkte gut vermarktet, diese besser und zu höheren Preisen verkaufen kann.

Dieser Erfolgsfaktor setzt ein gutes Zielgruppenverständnis voraus. Das Unternehmen muss wissen, welche Vertriebswege die eigene Zielgruppe ansprechen und welche Marketingmaßnahmen bei dieser erfolgreich sind.

Vorteilhaft ist hierbei ein hohes Maß an Kontrolle über die Vertriebswege und eine ausgeprägte Verkaufskultur, da dies eine Abstimmung des Vertriebs auf die Zielgruppe erlaubt. So gibt es Zielgruppen, die eher die persönliche Beratung wünschen, während andere lieber im Internet bestellen.

Selbstverständlich sitzen in allen großen Unternehmen Marketingexperten. Jedoch gibt es einige Unternehmen, die Marketing und Vertrieb so gut beherrschen, dass sie sich von den Mitwettbewerbern abheben. Wenn dies der Fall ist, kann von einem Erfolgsfaktor gesprochen werden. Die folgenden Beispiele sollen dies verdeutlichen.

Beispiel: Musterbeispiele für gute Marketingarbeit und einen starken Vertrieb

Einige Unternehmen haben es verstanden, Wege zu finden, um auch hochpreisige Produkte an ihre Zielgruppe zu verkaufen. Dafür haben sie ihre Vertriebswege an die Kunden angepasst.

Als **Tupperware** in den 1940er-Jahren Absatzprobleme hatte, kam es auf die Idee, sogenannte Tupperware Home Parties zum Verkauf zu nutzen. Dadurch konnte gezielt Kontakt zur Zielgruppe aufgebaut werden. Der Vorteil dieses Vertriebswegs ist, dass der Kunde keinen direkten Vergleich zu den Konkurrenzprodukten hat und in einer lockeren Atmosphäre einem Kauf eher zustimmt.

Während Tupperware über die letzten Jahre jedoch in eine finanzielle Schieflage geraten ist, gibt es weiterhin Unternehmen, die auf den Direktvertrieb als Hauptvertriebsweg setzen. So veranstaltet **Vorwerk** seine Thermomix® Parties noch immer bei den Kunden daheim und ist dadurch in der Lage, seine hochpreisigen Produkte zu verkaufen.

Auch **Apple** weist mit seinen Apple Stores eine Besonderheit im Vertrieb auf. Anstelle von Regalen mit Waren findet man in den Geschäften einen standardisierten Aufbau, bei dem die Kunden die Geräte ausprobieren können und einen kostenlosen Support erhalten. Mit diesem Konzept hat das Unternehmen Erfolg. Kein anderes Unternehmen erzielt einen höheren Umsatz pro Quadratmeter Ladenfläche.

Im Bereich Marketing ist **Sixt** ein schönes Beispiel. Mit seiner frechen, humorvollen und teilweise auch provokanten Werbung bleibt es der Zielgruppe im Gedächtnis und hebt sich von der Konkurrenz ab. Wenn Sie die Werbung im Internet suchen, werden Sie verstehen, was damit gemeint ist.

Im Rahmen seiner Expansion in den USA versucht das Unternehmen, Marktanteile zu gewinnen, indem es der Zielgruppe durch die Werbung suggeriert, dass sie im Gegensatz zu der sonst langweiligen Anmietung von Mietfahrzeugen bei Sixt ein aufregendes Kundenerlebnis geboten bekommen. Damit zieht das Unternehmen zeitgleich Kunden an, denen die Qualität und das Kundenerlebnis wichtiger sind als der Preis. Dies ermöglicht höhere Preise und passt gut zu der Qualitätsführerschaft, die das Unternehmen anstrebt.

Red Bull hat es durch sein starkes Marketing geschafft, zum meistverkauften Energydrink der Welt zu werden. Jeder kennt die humorvollen Werbespots von früher und den Slogan »Red Bull verleiht Flüüügel«. Jedoch ist dies nur ein Teil des Marketingkonzepts des Unternehmens. Red Bull betreibt Content-Marketing mit einer enormen Nähe zur eigenen Zielgruppe. Dies gelingt unter anderem durch das Sponsoring zahlreicher Sportarten. Aber das Unternehmen sucht auch gezielt nach Mitarbeitern in der eigenen Zielgruppe. So werden sogenannte Student Marketeer direkt an Universitäten angeworben, um von deren Kreativität und Zielgruppennähe zu profitieren. Sie werden dann regional eingesetzt, entweder am eigenen Campus oder darüber hinaus im bekannten »Red Bull Mini«. Hierdurch entstehen Markenbotschafter, die bereits ein persönliches Verhältnis zur lokalen Zielgruppe haben.

Das Unternehmen soll 2010 ca. 1,4 Mrd. € für sein Marketing ausgegeben haben, was einem Anteil von fast 37% am Umsatz entsprochen hätte. Das Unternehmen ist maximal vertriebsorientiert.

Auch wenn dieser Erfolgsfaktor nicht zutrifft, sollten Sie wissen, welche Hauptvertriebswege ein Unternehmen nutzt. Betreibt es Direktvertrieb, verkauft es hauptsächlich online, betreibt es eigene Ladengeschäfte oder greift es auf den regulären Einzelhandel zurück?

Eine hohe Innovationskraft

Dieser Erfolgsfaktor ist nicht einfach zu erkennen. Die Innovationskraft eines Unternehmens in der Vergangenheit kann zwar ein Indikator für die zukünftige Innovationskraft sein, muss es aber nicht zwangsläufig. Aus diesem Grund sollten weitere Indikatoren einbezogen werden.

So ist es sinnvoll, seinen Fokus auch auf die Organisationsstrukturen des Unternehmens und seine Unternehmenskultur zu richten. Dies führt bei der Analyse zur Überschneidung mit der weiter unten beschriebenen Einschätzung des Managements und der Unternehmenskultur.

Insbesondere eine tolerante Fehlerkultur, flache Hierarchien und eine hohe Mitarbeiterverantwortung wirken sich positiv auf die Innovationskraft eines Unternehmens aus. Aber auch Anreizsysteme können förderlich sein. Im weiteren Verlauf wird dies am Beispiel von Alphabet veranschaulicht.

Sicherlich sind auch die Forschungs- und Entwicklungsausgaben ein guter Hinweis.

4.1.3 Die Wettbewerbsstrategie

Im Bereich der qualitativen Analyse sind die Theorien des Ökonomen und Managementtheoretikers Michael Porter unumgänglich. Die strategische Ausrichtung eines Unternehmens untersuchen wir im Folgenden ebenfalls anhand eines seiner Modelle.

Wenn ein Unternehmen sich im Wettbewerb mit seinen Konkurrenten befindet, sollte es nach Porter eine klare strategische Hauptrichtung festlegen und diese konsequent verfolgen, um zu bestehen. Eine Mischung verschiedener Strategien führt demnach nicht zum gewünschten Erfolg, da das Unternehmen hierbei Gefahr läuft, in einer Zwischenkategorie zu landen, in der es sowohl im Preis als auch in der Qualität konkurrieren muss, was wiederum die Margen belastet.

In diesem Analyseschritt ist also zu überprüfen, ob und für welche Strategie sich das von uns betrachtete Unternehmen entschieden hat. Dazu werden die Strategien im Folgenden vorgestellt.

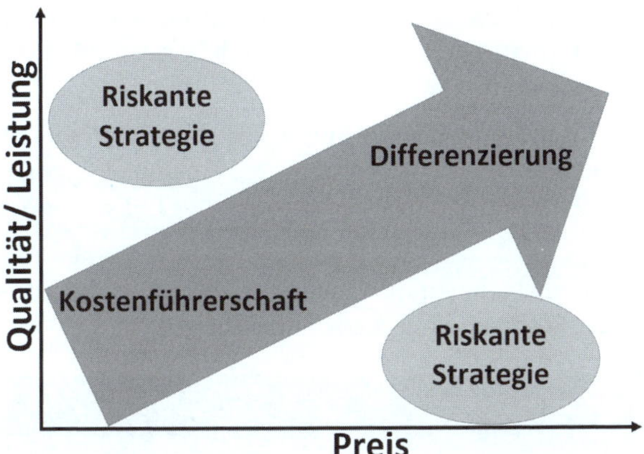

Die Grafik zeigt eindrücklich das Problem von Mischstrategien. Wenn das Unternehmen versucht, qualitativ hochwertige Produkte zu verkaufen und diese zu einem günstigen Preis anzubieten, muss es hohe Produktionskosten mit niedrigen Einnahmen begleichen (oben links). Wenn es versucht, qualitativ minderwertige Produkte zu hohen Preisen anzubieten, werden die Kunden auf die Mitwettbewerber ausweichen (unten rechts). Die Lösung ist also, eine der Strategien innerhalb des Pfeils zu wählen.

Die Differenzierungsstrategie

Bei diesem strategischen Ansatz versucht das Unternehmen, sich mit seinen Produkten oder Dienstleistungen vom restlichen Markt abzuheben. Dabei werden die verkauften Produkte mit Alleinstellungsmerkmalen ausgestattet. Dies können technologische oder optische Besonderheiten sein. Aber auch ein gewisses Image, Zusatzleistungen oder ein guter Service sind für Unternehmen Möglichkeiten zur Differenzierung.

Tipp

Solche Alleinstellungsmerkmale werden oft als Unique Selling Proposition/Point (USP) bezeichnet.

Es gibt neben dem USP auch den sogenannten ESP (Emotional Selling Proposition/Point). Dieser beschreibt die emotionalen Verkaufsargumente eines Produkts oder einer Marke.

Dies kann man besonders bei Markenkleidung beobachten. Allein das Markenlogo auf dem Produkt gibt den Konsumenten in einigen Fällen ein Zugehörigkeitsgefühl zu einer bestimmten Gruppe und ist Teil der Kaufentscheidung.

Im Idealfall sehen wir die **Qualitätsführerschaft** als Form der Differenzierung. Hierbei versuchen Unternehmen, sich durch eine besondere Qualität von der Konkurrenz abzugrenzen.

Dabei bauen sie sich in der Regel eine Marke mit einem starken Wiedererkennungswert auf. Diese soll dem Kunden als Garant für eine hohe Qualität dienen und dem Unternehmen zeitgleich das Verlangen hoher Preise ermöglichen.

Diese Strategie zielt auf Kunden ab, denen die Qualität wichtiger als der Preis ist. Dadurch ermöglicht diese Strategie auch meist hohe Margen.

Beispiel: Die Differenzierungsstrategie

Amazons Onlineversandhandel setzt auch auf die Differenzierungsstrategie. Kein anderer Onlinehändler kann mit den Lieferzeiten von Amazon mithalten. Auch im Bereich des guten Kundenservice findet hier eine Differenzierung statt.

Auch **Apple** nutzt die Differenzierungsstrategie. Der angebissene Apfel steht für ein elegantes Design und eine einfache Bedienung. Wer das Smartphone kauft, der weiß, dass er ein qualitativ hochwertiges Produkt erhält und ist bereit, einen hohen Preis zu bezahlen, womit zudem das Differenzierungsmerkmal der Qualitätsführerschaft zutrifft.

Auch die enorme Kundenbindung kann hier als eine Form der Differenzierung angesehen werden.

Die Kostenführerschaft

Wenn ein Unternehmen im Vergleich zur Konkurrenz zu sehr niedrigen Kosten produzieren kann, sprechen wir von einer Kostenführerschaft. Dies wird in der Regel durch Skaleneffekte, Verbundeffekte und besonders effiziente Herstellungsverfahren beziehungsweise Organisationsstrukturen ermöglicht. Dies erfordert häufig wiederum eine hohe Kapitalbindung und einen technologischen Vorsprung. Aber auch der bessere Zugang zu günstigen Inputfaktoren kann eine Ursache sein.

Wenn ein Unternehmen seine niedrigen Kosten an die Kunden in Form von niedrigen Preisen weitergibt und die Konkurrenz damit unterbietet, dann sehen wir die Strategie der **Preisführerschaft**. Dies ermöglicht einen hohen Absatz, wodurch Marktanteile von den Mitwettbewerbern abgewonnen werden können. Wenn man das Produkt durch den Preis neuen Zielgruppen finanziell zugänglich macht, können theoretisch sogar neue Marktanteile erschlossen werden.

Die Zielgruppe dieser Strategie sind insbesondere preisbewusste Kunden.

Beispiel: Kostenführer

Ryanair bietet Kurz- und Mittelstreckenflüge zu vergleichsweise sehr niedrigen Preisen an. Dies wird möglich, da das Unternehmen sein Angebot maximal auf Effizienz getrimmt hat. So nutzt das Unternehmen beispielsweise nur einen einheitlichen Flugzeugtyp, wodurch die Wartungskosten und die Anlernzeiten für die Piloten sinken. Auch sind die Standzeiten der Flugzeuge am Boden im Branchenvergleich besonders niedrig, wodurch das in Form der Flugzeuge gebundene Kapital effizient genutzt werden kann. Schließlich kann nur ein fliegendes Flugzeug Umsätze generieren.

Zeitgleich gehört das Unternehmen durch seine enorme Kostendisziplin zu den rentabelsten Fluggesellschaften weltweit. Dies wurde auch durch die Erweiterung des eigenen Angebots durch Produkte und Dienstleistungen rund um den Flug ermöglicht (Cross-Selling).

Auch Renaults Billigmarke **Dacia** kann als Preis- und Kostenführer bezeichnet werden. Das Unternehmen setzt beim Bau seiner Autos nicht auf Innovation oder Komfort als Verkaufsargumente, sondern auf niedrige Preise. Diese kann es durch die Nutzung bereits entwickelter und erprobter Renault-Teile und die niedrigen Produktionskosten im Herstellungsland Rumänien erzielen.

Die Nischenstrategie

Im Gegensatz zur Differenzierungsstrategie und zur Kostenführerschaft versucht die Nischenstrategie, auch Fokussierungsstrategie genannt, nicht, den gesamten Markt mit der eigenen Strategie zu dominieren, sondern konzentriert sich auf eine Marktnische.

Dabei wird das Angebot auf eine bestimmte Kundengruppe oder einen begrenzten Markt zugeschnitten. Hierdurch kann eine höhere Spezialisierung erfolgen und man kann sich gegenüber größeren Mitwettbewerbern abgrenzen. Die Nischenstrategie ist damit besonders sinnvoll, wenn man als kleines Unternehmen in einen Markt eintreten möchte.

Bei dieser Strategie ist es für ein Unternehmen besonders wichtig, die eigenen Kunden und deren Bedürfnisse gut zu kennen. Dabei muss die Zielgruppe klar definiert sein und darf weder zu eng noch zu breit gefasst werden, da sonst die Nachfrage zu klein oder die Konkurrenz zu groß wird.

Bei der Nischenstrategie kann beziehungsweise sollte zeitgleich eine Kosten- oder Qualitätsführerschaft innerhalb der gewählten Nische angestrebt werden. Damit fächert sich die Nischenstrategie weiter auf in die **selektive Kostenführerschaft** und die **selektive Qualitätsführerschaft**.

Beispiel: Nischenstrategie

Tesla ist ein bekanntes Beispiel für die Nischenstrategie. Das Unternehmen hat die damals noch deutlich kleinere Nische der Elektromobilität bedient. Da die großen Automobilkonzerne diese Nische anfangs vernachlässigt haben, konnte Tesla dort Fuß fassen und sich einen technologischen Vorsprung erarbeiten. Heute ist Tesla in dem Bereich Marktführer und die Nische hat sich zu einem riesigen Markt entwickelt.

Da Tesla zeitgleich die Differenzierungsstrategie (Technologie & Design) mit einer gehobenen Qualität verfolgt hat, könnte man hier von einer selektiven Qualitätsführerschaft sprechen.

4.1.4 Management und Unternehmenskultur

Selbstverständlich gehört auch eine Einschätzung des Managements, als Kopf eines Unternehmens, zur Analyse dazu. Leider ist die Frage nach der Qualität des Managements oft nur sehr schwierig zu beantworten. Bei vielen Entscheidungen, die das Management eines Unternehmens trifft, wird man erst in Jahren oder Jahrzehnten wissen, ob diese gut oder schlecht gewesen sind. Zu dieser Zeit kann das Unternehmen bereits eine neue Führung haben.

Dies heißt natürlich nicht, dass wir diesen Aspekt vollständig vernachlässigen sollten. Tatsächlich gibt es einige Hinweise, die auf ein gutes oder weniger gutes Management hindeuten können.

Die Analyse kann unter anderem auch anhand früherer Interviews und Vorträge erfolgen.

Hinweise auf ein gutes Management und eine gute Unternehmenskultur

Insbesondere eine hohe **Beteiligung des Managements** am Unternehmen ist positiv zu werten, da dies einen langfristigen Anreiz darstellt. Schließlich wägt man Risiken sorgfältiger ab, wenn diese auch das eigene Vermögen tangieren. Insbesondere **gründer- und familiengeführte Unternehmen** bieten diesen Vorteil, wobei hier auch noch positiv zu werten ist, dass diese Gruppen das Unternehmen meist gut kennen und oft schon in jungen Jahren in dieses eingearbeitet wurden.

Hier wären wir auch beim nächsten Punkt, der **praktischen Erfahrung** der Führung im jeweiligen Geschäftsbereich.

Des Weiteren ist eine **sinnhafte Ausschüttungspolitik** ein Indikator für ein gutes Management. Hierauf gehen wir im weiteren Verlauf des Buchs noch mal genauer ein.

Auch eine **klare und ehrliche Kommunikation mit den Aktionären** und das **Benennen von Problemen** sind wichtige Merkmale eines guten Managements. Aufgehübscht Jahresabschlüsse wären hier ein deutliches Warnzeichen.

Bei der Unternehmenskultur sind **lange Mitarbeiterzugehörigkeitszeiten** ein positives Signal. Dies deutet nicht nur auf eine hohe Arbeitszufriedenheit hin, sondern ermöglicht es auch, das vorhandene Know-how im Unternehmen zu halten. **Langfristige Anreizsysteme** und ein **innovationsförderliches Umfeld** sind hierfür vorteilhaft und ebenfalls positiv zu werten. Selbstverständlich ist eine lange Unternehmenszugehörigkeit auch beim Management positiv zu werten.

Hinweise auf ein schlechtes Management

Negativ zu werten sind eine **schlechte Kommunikation mit den Aktionären** und **häufig zu hoch angesetzte und nicht erreichte Prognosen**.

Auch sollte eine **hohe Anzahl an teuren Übernahmen** kritisch betrachtet werden, besonders wenn es vermehrt zu hohen Abschreibungen auf den Goodwill gekommen ist.

Auch **häufige Vorstandswechsel** sind ein Zeichen fehlender Beständigkeit.

Fazit

Auch wenn dies einige Hinweise zur Bewertung von Management und Unternehmenskultur sind, bleibt dies recht schwierig. Man sollte dabei die eigene Einschätzungsfähigkeit nicht überbewerten.

Im Optimalfall hat man, wie Warren Buffett einst meinte, ein Unternehmen, welches selbst von einem Idioten geführt werden kann: »I try to buy stock in businesses that are so wonderful that an idiot can run them. Because sooner or later, one will.«

Beispiel: Alphabets Management und Unternehmenskultur

Alphabet war bis 2019 gründergeführt und wird seitdem von Sundar Pichai (CEO) geführt. Dieser ist seit 2004 bei Google angestellt und hat an diversen Produkten, wie Google Chrome, Google Drive, Google Maps und Gmail, mitgewirkt. Somit haben wir einen Praktiker an der Spitze des Unternehmens.

Mit Ruth Porat hat das Unternehmen eine erfahrene ehemalige Investmentbankerin und Finanzchefin der Investmentbank Morgan Stanley als CFO.

Die Unternehmensführung wird mit Aktienoptionen an dem Erfolg des Unternehmens beteiligt, wobei Sundar Pichai Alphabetaktien im Wert von ca. 250 Mio. US$ hält (stand 2022). Dies deutet auf ein erhöhtes Interesse der Unternehmensführung an der langfristigen Geschäftsentwicklung hin.

Die Gründer, Larry Page und Sergey Brin, haben sich durch ihre Unternehmensanteile (12%) die Mehrheit der Stimmrechte und damit einen dauerhaften Einfluss gesichert. Dies verdeutlicht deren starkes Interesse an der langfristigen Entwicklung des Unternehmens.

Auch im Bereich Unternehmenskultur ist Alphabet ein häufig genanntes Positivbeispiel. Das Unternehmen steht für ein selbstbestimmtes Arbeiten und eine tolerante Fehlerkultur, gepaart mit einer dezentralen Organisation. Das Unternehmen gesteht seinen Mitarbeitern viel Eigenverantwortung zu, wodurch es versucht, Innovationen zu fördern.

Hinweis

Ein CEO (Chief Executive Officer) ist der Geschäftsführer beziehungsweise Vorstandsvorsitzende eines Unternehmens.

Ein CFO (Chief Financial Officer) ist der Finanzvorstand eines Unternehmens.

4.1.5 Ein Blick auf die Schwächen

Wir haben besonders im Rahmen der Analyse der Erfolgsfaktoren nach Stärken im Unternehmen gesucht. Bei der Analyse ist es jedoch wichtig, auch gezielt nach Schwächen zu suchen.

Aus diesem Grund soll dieses Unterkapital daran erinnern, dass wir bei der qualitativen Analyse keine »rosarote Brille« tragen dürfen, sondern auch Probleme und Schwächen in einem Unternehmen suchen und erkennen sollten. Hierzu bedarf es eines nüchternen Blicks und der Anwendung der oben beschriebenen Analyseschritte. Dabei kann der Grundgedanke des kritischen Rationalismus nützlich sein: Der sinnvollste Weg, eine Theorie zu bestätigen, ist der vergebliche Versuch, diese zu widerlegen (Falsifikation statt Verifizierung).

Wenn Sie also glauben, dass das von Ihnen untersuchte Unternehmen ein gutes Management aufweist, strategisch gut aufgestellt ist und über ein solides Geschäftsmodell mit vielen Erfolgsfaktoren verfügt, dann kann es hilfreich sein, aktiv nach Schwächen und Problemen zu suchen.

Vielleicht hat das Unternehmen Absatzprobleme. Oder Sie haben im Rahmen der quantitativen Analyse festgestellt, dass das Unternehmen niedrigere Margen aufweist als die Konkurrenz. Hier sollten Sie ansetzen und nach den qualitativen Gründen für diese Umstände suchen. Hinkt es technologisch vielleicht hinterher? Hat es ein schlechtes Image? Ist es nicht effizient genug? Bestehen gefährliche Abhängigkeiten?

4.2 Die Umfeldanalyse

Nachdem die Stärken und Schwächen des Unternehmens beleuchtet wurden, soll sich dieses Kapitel der Betrachtung der externen Chancen und Risiken widmen. Als erste Informationsquelle eignet sich für diesen Analyseabschnitt der Lagebericht des Unternehmens. Hierbei ist insbesondere der darin enthaltene Prognosen-, Chancen- und Risikobericht interessant. Aber auch Internetrecherchen, Statistikanbieter, Studien und die Lageberichte der Konkurrenz können hilfreich sein, da wir nicht nur das untersuchte Unternehmen, sondern die gesamte Branche und dessen Umfeld betrachten möchten.

4.2.1 Externe Einflussfaktoren

Bei der Umfeldanalyse arbeiten wir uns von außen nach innen vor. Bevor wir uns also der Branche und damit dem direkten Umfeld des Unternehmens nähern, müssen wir zunächst die gegebenen externen Einflussfaktoren analysieren.

Bei diesen Einflussfaktoren kann es sich sowohl um Risiken als auch um Chancen für das Unternehmen handeln. Für Sie ist es dabei wichtig, diese Risiken und Chancen zu kennen und einordnen zu können.

Um diese Einflussfaktoren und Rahmenbedingungen besser kategorisieren zu können, leiten wir unsere Analyse von der sogenannten PESTEL-Analyse ab, welche bei einer Expansion eines Unternehmens in neue Märkte die dortigen Einflussfaktoren beschreiben soll. PESTEL steht dabei für **P**olitical, **E**conomic, **S**ocial, **T**echnological, **E**nvironmental und **L**egal.

Bei unserer Betrachtung konzentrieren wir uns somit auf die (geo-)politischen, wirtschaftlichen, sozialen, umweltbedingten und regulatorischen Einflüsse. Die technologischen Einflüsse werden zu einem späteren Zeitpunkt separat beleuchtet.

Politische und geopolitische Einflüsse (Political)

Unternehmen mit Sitz in undemokratischen Staaten können staatlicher Willkür ausgesetzt sein, was ein erhöhtes Geschäftsrisiko darstellt. Auch militärische Konflikte, Sanktionen oder Strafzölle können solche Risiken sein.

Beispiel: TSMC

Das in Taiwan ansässige Unternehmen TSMC ist der weltweit größte unabhängige Halbleiterhersteller. Aufgrund der chinesischen Territorialansprüche gegenüber Taiwan und der damit einhergehenden Gefahr einer militärischen Auseinandersetzung besteht hier ein geopolitisches Risiko, welches das Risiko eines Investments in dieses Unternehmen erhöht.

Auch in China selbst gibt es politische Risiken. So wurden 2021 private Bildungsanbieter verboten, was einer gesamten Branche das Geschäftsmodell entzogen hat.

Gesamtwirtschaftliche Einflüsse (Economic)

Auch sollten Sie sich bewusst sein, welche übergeordneten wirtschaftlichen Risiken für Ihr Unternehmen relevant sein könnten. Dafür sollten Sie sich die Frage stellen, ob das untersuchte Unternehmen in irgendeiner Weise zyklisch wirtschaftet. Zyklisch sind Unternehmen oder Branchen, wenn diese in einem boomenden Wirtschaftsumfeld überdurchschnittlich stark profitieren und im Abschwung stärker betroffen sind.

Zeitgleich gibt es einige Unternehmen, die weniger von konjunkturellen Schwankungen betroffen sind oder sogar antizyklisch profitieren.

Aber Sie sollten nicht nur die Auswirkungen zukünftiger Krisen abschätzen, sondern auch andere wirtschaftliche Faktoren berücksichtigen, wie eine Veränderung des Zinsniveaus, einen Fachkräftemangel oder steigende Löhne. Dabei geht es weniger darum, die Wahrscheinlichkeit des Eintritts abzuschätzen, da dies relativ schwer ist. Sie sollten sich stattdessen der möglichen Auswirkungen auf das Unternehmen bewusst sein.

So sind Immobilienunternehmen beispielsweise besonders anfällig für Zinsanhebungen.

Die Anfälligkeit für steigende Löhne lässt sich gut von der Personalkostenquote eines Unternehmens ablesen.

Beispiele: Zykliker und Antizykliker

Automobilhersteller und das Hotelgewerbe sind Beispiele für zyklische Branchen.

Weniger zyklisch sind hingegen Grundnahrungsmittelproduzenten oder Telekommunikationsanbieter.

Antizyklisch wären Pfandhäuser. Diese profitieren häufig sogar in Rezessionen.

Soziale Einflüsse (Social)

Gesellschaftliche Veränderungen, die zu einer sinkenden Nachfrage führen, eine unruhige innenpolitische Lage oder Arbeitsniederlegungen fallen in diese Kategorie.

Hier können aber auch Chancen genannt werden. Ein zunehmendes Gesundheits- und Umweltbewusstsein könnte beispielsweise zu einer erhöhten Nachfrage von bestimmten Produktgruppen, wie veganen Ersatzprodukten oder Nahrungsergänzungsmitteln, führen, wovon wiederum bestimmte Branchen profitieren.

Umweltbedingte Einflüsse (Environmental)

Dies umfasst alle natürlichen Einflüsse auf ein Unternehmen. Das können beispielsweise Produktionsstandorte in Erdbebenregionen oder Überschwemmungsgebieten sein.

Beispiel: Das Kernkraftwerk Fukushima Daiichi

Das von Tepco betriebene Kraftwerk ist wohl eines der bekanntesten Beispiele für einen umweltbedingten Einflussfaktor. Infolge eines Tsunamis und einigen Erdbeben kam es in dem Kraftwerk 2011 zu mehreren Kernschmelzen. Die Naturkatastrophe soll das Unternehmen umgerechnet ca. 8,7 Mrd. € gekostet haben.

Regulatorische Einflüsse (Legal)

Es gibt Branchen, die stärker reguliert werden als andere. Je größer die regulatorischen Einflüsse in einer Branche sind, umso höher ist das Risiko dort einzustufen.

Neben den regulatorischen Auflagen, die für ein Unternehmen eine finanzielle Mehrbelastung darstellen, gibt es auch Subventionen. Diese können einerseits entlastend wirken, bergen jedoch gleichzeitig die Gefahr, dass ein Wegfall bestehender Subventionen die künstlich geschaffene Nachfrage verringern könnte. Hierdurch entstehen teilweise Geschäftsmodelle, die nur durch Subventionen rentabel wirtschaften können. Wenig regulierte Branchen bergen bei der Betrachtung dieser Problematik meist das geringere Risiko, da ein »gesundes« Verhältnis von Angebot und Nachfrage besteht.

Beispiel: Die Regulierung des Immobilien- und Energiemarkts

Am Immobilienmarkt sind Regulierungen häufig anzutreffen. So werden neue Anforderungen an die Energieeffizienz von Gebäuden gestellt oder Mieterhöhungen rechtlich limitiert. Da solche Regulierungen über die lange Haltedauer einer Immobilie theoretisch jederzeit hinzukommen können, ist dies ein ständiger externer Risikofaktor.

Der Energiemarkt ist ebenfalls stark reguliert. Hier werden erneuerbare Energien subventioniert und fossile Energieträger durch Steuererhöhungen unattraktiv gemacht. Auch hier ist die Unbeständigkeit staatlicher

Subventionen als Risikofaktor zu werten. Ein gutes Beispiel dafür ist die 2023 plötzlich angekündigte Streichung der Agrardieselsubventionen für Landwirte.

4.2.2 Der Wandel als Risikofaktor

Neben den externen Einflussfaktoren gibt es auch einen Risikofaktor, der oft übersehen wird. Dieser ist der Wandel innerhalb einer Branche.

Je beständiger eine Branche ist, umso besser ist dies zu werten. Schnell wandelnde Branchen sind in der Regel schwerer einzuschätzen und erfordern eine akribischere Analyse. Prognosen werden ungenauer.

Wenn Sie sich an eine schnell wandelnde Branche wagen, sollten Sie in der Lage sein, den Geschäftsverlauf mittelfristig zumindest grob abschätzen zu können. Dabei sollten Sie möglichst verschiedene Szenarien berücksichtigen.

Auch sollten Sie versuchen, die Gefahr von disruptiven Technologien abzuschätzen. Dies ist zwar meist nur schwer möglich, sollte bei der Risikobewertung jedoch nicht unbeachtet bleiben.

Solche disruptiven Technologien sind Innovationen, die häufig als Nischenprodukt beginnen und dann schrittweise bestehende Produkte oder Dienstleistungen ersetzen.

Beispiel: Der Elektromotor ist dem Verbrenner der Tod

Das E-Auto startete zunächst als Nischenprodukt. Schrittweise konnte es seine Marktanteile ausbauen. Diese disruptive Technologie hat den Wandel in der Automobilindustrie massiv beschleunigt. Zwischenzeitig war nicht klar, welche Technologie sich durchsetzen wird. Auch Wasserstoff stand als Antrieb zur Debatte. Hier wäre aus damaliger Sicht eine Betrachtung verschiedener Szenarien sinnvoll gewesen.

In der Automobilindustrie haben die meisten Hersteller diese disruptive Technologie mehr oder weniger gut bewältigen können, auch wenn die Marktführerschaft in dem Segment an einen Newcomer abgegeben werden musste. Zeitgleich gibt es Branchen, die dies weniger gut verkraftet haben, oder wie viele Berufsschmiede kennen Sie noch?

Um diesen Risikofaktor abschätzen zu können, bieten sich drei Leitfragen an:

1. Wie schnell wandelt sich die Branche?
2. Sind die Veränderungen für mich abschätzbar?
3. Wie hoch ist die Gefahr disruptiver Technologien?

Hierbei sollte angemerkt werden, dass eine Fortführung der Analyse keinen Sinn macht, wenn die zweite Frage nicht bejaht werden kann.

Bei der dritten Frage sollte angemerkt werden, dass man nicht vergessen darf, dass disruptive Technologien schwer abzuschätzen sind. Sicherlich gibt es Branchen, bei denen die Gefahr geringer ausfällt, wie beispielsweise bei Softdrinkherstellern. Aber einst hat bei Reisebüros auch niemand erwartet, dass eines Tages Reisen über etwas namens Internet gebucht werden können.

4.2.3 Die Branchenstrukturanalyse: Porters Five Forces

Nachdem wir soeben die übergeordneten Einflussfaktoren auf die Branche und damit das untersuchte Unternehmen betrachtet haben, schauen wir uns nun die Einflussfaktoren innerhalb einer Branche auf deren Attraktivität an. Dazu greifen wir auf Porters Fünf-Kräfte-Modell zurück.

Nach Porter haben nämlich fünf Faktoren Einfluss auf die Struktur einer Branche und damit auf das Wachstum und die Rentabilität der einzelnen Unternehmen. Im Rahmen der Branchenstrukturanalyse gilt es, diese fünf Faktoren zu beurteilen:

1. Die Rivalität unter den bestehenden Wettbewerbern
2. Die Bedrohung durch neue Anbieter
3. Die Verhandlungsstärke der Lieferanten
4. Die Verhandlungsstärke der Abnehmer
5. Die Bedrohung durch Ersatzprodukte

Wenn einer oder mehrere dieser Faktoren zu stark werden, besteht die Gefahr, dass die Rentabilität leidet und es schwer ist, Marktanteile zu gewinnen oder zu halten.

Die Rivalität unter den bestehenden Wettbewerbern

Wenn sich viele Konkurrenten mit ähnlichen Produkten in einem Markt befinden, liegt eine hohe Wettbewerbsintensität vor. Eine hohe Wettbewerbsintensität macht eine Branche unattraktiv, da dies meist zu niedrigen Margen führt.

Auch ein hoher Grad an Produktdifferenzierung ist meist ein Zeichen für eine hohe Wettbewerbsintensität.

Neben der Anzahl der Wettbewerber und dem Grad der Produktdifferenzierung sind auch das Branchenwachstum und das Verhältnis von Angebot und Nachfrage relevant. Bei schnell wachsenden Branchen ist der Wettbewerb meist geringer, da der Absatz bei einem wachsenden Markt erhöht werden kann, ohne Marktanteile von der Konkurrenz abgewinnen zu müssen. Bei einer Nachfrage, die das Angebot übersteigt, ist dies ähnlich.

Beispiel: Die Wettbewerbsintensität in der Automobilbranche

Die Automobilbranche weist eine hohe Rivalität unter den bestehenden Wettbewerbern auf. Wir können hier diverse Wettbewerber sehen, die miteinander konkurrieren. Wir sehen eine extrem hohe Produktdifferenzierung, bei der beinahe jede Nische bedient wird und die bestehenden Wettbewerber in der Lage sind, die Nachfrage dieses nur sehr langsam wachsenden und zyklischen Markts zu bedienen.

Die Bedrohung durch neue Anbieter

Eine attraktive Branche, also eine mit hohen Renditen und einem hohen Wachstum, zieht neue Anbieter an. Der Eintritt neuer Konkurrenten in eine Branche erhöht jedoch zeitgleich den Preisdruck. Um dieses Risiko einschätzen zu können, sollte eine Analyse der Markteintrittsbarrieren erfolgen. Je größer diese nämlich sind, umso weniger neue Anbieter werden vermutlich in den Markt drängen.

Skaleneffekte können eine solche Eintrittsbarriere sein. Wenn die bestehenden Wettbewerber massiv durch Skaleneffekte profitieren und diese in gewissem Maße zum profitablen Wirtschaften nötig sind, stellt dies eine Hürde für neue Anbieter dar, da diese zu Beginn keine Skaleneffekte haben werden und somit nur eingeschränkt konkurrenzfähig sein werden.

Auch die Kapitalintensität ist als Eintrittsbarriere zu nennen. So ist das Kapitalbedürfnis um ein Vielfaches höher, wenn man versucht, in die Landmaschinenbranche einzutreten, als bei dem Eintrittsversuch in die Herstellung von Spielzeugtraktoren. Viele Anbieter können das nötige Kapital für derart kapitalintensive Geschäftsmodelle nicht aufbringen.

Die Kundenbindung der bestehenden Wettbewerber, deren technologischer Vorsprung und der Zugang zu wichtigen Vertriebskanälen stellen ebenso

Markteintrittsbarrieren dar. Der technologische Vorsprung und die starke Kundenbindung, beispielsweise durch hohe Wechselkosten, sind selbsterklärend.

Die Kontrolle wichtiger Vertriebskanäle lässt sich am besten anhand eines Beispiels veranschaulichen. Wenn Sie einen Softdrink mit einem starken Markennamen anbieten und alle namhaften Fast-Food-Ketten Ihr Getränk als wichtigen Bestandteil in das Sortiment aufnehmen, wird es für einen neuen Anbieter schwer sein, die von Ihnen kontrollierten Vertriebswege zu übernehmen.

Beispiel: Zwei große Vögel am Himmel

Airbus und **Boeing** bilden ein Duopol für Großraumflugzeuge. Der Grund hierfür ist die enorme Kapitalintensität und zeitgleich begrenzte Nachfrage in der Branche. So amortisiert sich die Entwicklung moderner Großraumflugzeuge in der Regel erst nach Jahrzehnten.

Zudem werden diese Unternehmen aufgrund der politischen Bedeutung für die USA, beziehungsweise die EU, direkt und indirekt gefördert, was neuen Anbietern den Markteintritt umso schwerer macht. Auch wenn mittlerweile russische und chinesische Hersteller an Großraumflugzeugen arbeiten, kann hier nach wie vor von einem Duopol gesprochen werden, welches durch die Kapitalintensität als Markteintrittsbarriere geschützt wird.

Auch auf dem deutschen und europäischen Ticketing- und Live-Entertainmentmarkt kann von einer marktbeherrschenden Marktstellung eines einzelnen Anbieters gesprochen werden. Hier macht allein die Größe von **CTS Eventim** das Unternehmen zur Hauptanlaufadresse in der Branche.

Die Verhandlungsstärke der Kunden

Eine hohe Verhandlungsmacht der Kunden ermöglicht es diesen, niedrigere Preise oder eine bessere Qualität zu den gleichen Preisen durchzusetzen. Dies ist für einen Anbieter nachteilhaft, da hierdurch die Margen sinken.

Meist sind kleine und konzentrierte Kundengruppen sowie große Einzelkunden ein Indikator für die Verhandlungsstärke der Abnehmer. Dies trifft auch bei größeren Unternehmen als Kunden zu, da diese in der Regel besser informiert sind und dementsprechend mehr Einfluss auf den Preis haben. Bei einer stark fragmentierten Kundenbasis liegt die Preissetzungsmacht eher bei den Anbietern.

Sie können dies auch anhand von Gewerkschaften beobachten. In Branchen mit starken Gewerkschaften sind die Arbeitnehmer besser organisiert, können geschlossen auftreten und Forderungen besser durchsetzen. Wenn die Arbeiterschaft hingegen fragmentiert ist, funktioniert dies meist weniger gut.

Auch geringe Wechselkosten und ein niedriger Differenzierungsgrad innerhalb der Branche erhöhen die Verhandlungsposition der Kunden, da diese ihren Zulieferer einfacher wechseln können. Dies erhöht den Wettbewerb im Umkehrschluss, da die Anbieter versuchen müssen, die Kunden durch bessere Angebote zu halten.

Zudem ist das Risiko der Rückwärtsintegration zu beachten. Wenn die Kunden also glaubhaft damit drohen können, das benötigte Produkt in Zukunft eigenständig herzustellen, anstatt es zu beziehen, verbessert dies ihre Verhandlungsposition.

Die Verhandlungsstärke der Lieferanten

Dieser Punkt weist viele Ähnlichkeiten zur Verhandlungsstärke der Kunden auf, mit dem Unterschied, dass wir nun die entgegengesetzte Blickrichtung einnehmen.

So sind Möglichkeiten zur Rückwärtsintegration, das Vorhandensein von Substitutionsprodukten (= Ersatzprodukte), niedrige Wechselkosten und eine hohe Bedeutung des eigenen Unternehmens als Kunde vorteilhaft, da dies die eigene Verhandlungsmacht gegenüber den Lieferanten stärkt. Nachteilig wäre hierbei vor allem eine hohe Lieferantenkonzentration, da dies die Ausweichmöglichkeiten auf andere Lieferanten limitieren würde.

Beispiel: Das Problem der Fluggesellschaften

Fluggesellschaften stehen in der Regel verhandlungsstarken Kunden als auch Lieferanten gegenüber. Die Kundengruppe ist zwar fragmentiert, kann jedoch aufgrund sehr geringer Wechselkosten und einer geringen Produktdifferenzierung jederzeit den Anbieter wechseln.

Wie wir in einem vorangegangenen Beispiel gesehen haben, sind auch die Zulieferer relativ konzentriert. Wenn man dies im Kontext des relativ hohen Wettbewerbs in der Branche betrachtet, erscheinen die niedrigen Margen mit wenigen Ausnahmen in dieser Branche logisch.

Im Übrigen benennt Porter höchstpersönlich die Fluggesellschaften als Beispiel für eine unattraktive Branche.

Nicht umsonst sagte Richard Branson einst, der schnellste Weg, Millionär zu werden, bestehe darin, als Milliardär eine Airline zu gründen.

Die Bedrohung durch Ersatzprodukte

Die Ersatzprodukte umfassen alle Produkte, die in der Lage sind, die gleichen Kundenbedürfnisse zu bedienen wie die Produkte der betrachteten Branche. Damit können solche Substitute die Attraktivität einer Branche negativ beeinflussen.

Dies ist insbesondere möglich, wenn die Kunden nur einen geringen Bezug zum bisherigen Produkt haben, wenn die Wechselkosten gering sind und das Substitutionsprodukt ein ähnliches oder besseres Preis-Leistungs-Verhältnis aufweist, beziehungsweise die Kundenbedürfnisse besser bedient.

Auch sollte das Ersatzprodukt als solches vom Kunden wahrgenommen werden. Gegebenenfalls existieren solche Produkte in anderen Regionen oder Kundengruppen bereits.

Beispiel: Das Taxi umringt von Substituten

Die Taxibranche hat eine ganze Reihe von Ersatzprodukten zu fürchten. Nicht nur Mietwagenanbieter und öffentliche Verkehrsmittel sind mögliche Alternativen für Kunden. In Großstädten können Sie die Substitute häufig am Gehwegrand entdecken. Mietbare E-Scooter und Fahrräder bieten die Möglichkeit, kurze Strecken ohne Wartezeit und zu günstigen Preisen zurückzulegen.

Die für die Taxibranche gefährlichsten Ersatzprodukte stellen jedoch Fahrdienste wie Uber dar. Somit wird die Taxibranche von allen Seiten bedrängt.

Tatsächlich stehen sogar Taxifahrer selbst in gewisser Weise disruptiven Technologien gegenüber. In der Vergangenheit hatten diese meist einen exakten Stadtplan ihrer Stadt im Kopf. Dieses Wissen wurde durch Navigationsgeräte in der Vergangenheit entwertet, welche wiederum durch Google Maps abgelöst worden sind.

In Zukunft könnte das autonome Fahren den Menschen nicht nur als Navigator, sondern auch als Fahrer ablösen.

4.2.4 Der Konkurrenzvergleich

Nun möchten wir uns die Konkurrenzsituation des Unternehmens genauer anschauen, um einen Überblick über die bestehenden Mitwettbewerber zu erlangen. Um dies zu tun, können Sie die folgenden Leitfragen bei der Analyse hinzuziehen.

Hinweis

Der Konkurrenzvergleich überschneidet sich in Teilen mit Porters Fünf-Kräfte-Modell und soll die Wettbewerbssituation etwas präziser unter die Lupe nehmen. Der Unterschied liegt in der detaillierten Betrachtung einzelner Konkurrenten.

Wer sind die Konkurrenten und wer könnte es werden?

Die Mitwettbewerber eines Unternehmens können verschiedene Gesichter haben. So kann es sich hierbei um aggressiv auftretende Start-ups handeln, die versuchen, schnell Marktanteile zu gewinnen, oder um große Unternehmen, die bereits über einen großen Marktanteil verfügen.

Aber auch branchenfremde Unternehmen können zu Konkurrenten werden, wenn diese eine ähnliche Zielgruppe bedienen und das eigene Angebot erweitern oder auf neue Märkte vordringen.

Möglicherweise finden Sie im Rahmen dieses Analyseschritts bereits den Konkurrenten von morgen. So können sie sich sicher sein, dass große Unternehmen ihr Sortiment stets um neue Trendprodukte erweitern werden, wenn dies lukrativ erscheint und zum Geschäftsmodell passt.

Dies konnte man beispielsweise bei der Hafermilch beobachten. Oatly war als Hafermilchanbieter nicht lange allein. Bereits bestehende Unternehmen wie Nestle, Danone und Unilever machen dem Unternehmen heute Konkurrenz.

Und wenn es eines Tages möglich sein sollte, aus Maronen Milch zu gewinnen, sollten Sie bei Ihrer Analyse eines Maronenmilchherstellers bedenken, dass diese Lebensmittelkonzerne sicherlich auch zu Ihren Konkurrenten zählen werden.

In diesem Analyseschritt sollten Sie die relevantesten Mitwettbewerber heraussuchen. Häufig wird im Geschäftsbericht bereits ein Überblick über die wichtigsten Konkurrenten geliefert. Teilweise werden auch Veränderungen und erwartete Entwicklungen der Konkurrenzsituation aufgezeigt.

Was sind die Stärken, Schwächen und Strategien der Mitwettbewerber?

Der zukünftige Erfolg von Unternehmen hängt vor allem von deren qualitativen Merkmalen ab. Deswegen macht es Sinn, die Stärken und Schwächen der Konkurrenz zu kennen. Hierfür sollten die Erfolgsfaktoren der Konkurrenten bestimmt werden.

Diese Analyse soll Ihnen die Möglichkeit geben, die Wettbewerbsfähigkeit des untersuchten Unternehmens besser abschätzen können. Ein direkter Vergleich macht hier Sinn. Vielleicht stellt sich dabei heraus, dass ein Konkurrent besser aufgestellt ist und aus Investorensicht sogar interessanter wäre.

Wie sind die Marktanteile verteilt?

Nun sollten Sie schauen, wie die Marktanteile verteilt sind. Wer ist beispielsweise der Marktführer und wie groß ist der Abstand zu Ihrem Unternehmen?

Aber auch das Wachstum der einzelnen Unternehmen ist relevant, da schnell wachsende Unternehmen zu einer Verschiebung der Marktanteile führen können. Schließlich wollen wir nicht nur wissen, welche Unternehmen den Markt dominieren, sondern auch, welche dies in einigen Jahren tun könnten. Gibt es also relevante Konkurrenten mit einem signifikanten Wachstum am Markt?

4.3 Die Ergebnisauswertung mittels der SWOT-Analyse

Unsere Unternehmensanalyse hat uns die Stärken und Schwächen unseres Unternehmens aufgezeigt. Unsere Umfeldanalyse hat uns die externen Chancen und Risiken verdeutlicht.

Mit der SWOT-Analyse steht uns nun ein Mittel zur Auswertung der Analyseergebnisse zur Verfügung. Diese wurde in den 1960er-Jahren an der Harvard Business School zur strategischen Planung von Unternehmen entwickelt.

SWOT ist dabei ein Akronym für **S**trengths, **W**eaknesses, **O**pportunities und **T**hreats. Wir leiten diese Teilbereiche aus unserer bisherigen Analyse ab und untersuchen ihre Wechselwirkungen mithilfe einer Matrix.

Dazu können im ersten Schritt die wichtigsten Stärken, Schwächen, Chancen und Risiken herausgeschrieben werden. Im Anschluss werden die Wechselwirkungen anhand der folgenden Fragen untersucht und mögliche Strategien abgeleitet:

Wie können externe Chancen durch Stärken genutzt werden?

Bei dieser kombinierten Betrachtung der Stärken und Chancen wird geschaut, welche Stärken sich zur Nutzung von externen Chancen anbieten.

Hieraus wird in der Regel die **Strategie des Ausbauens** abgeleitet (SO-Strategie). Dabei werden die eigenen Stärken zur Nutzung der externen Chancen verwendet.

Wie können Stärken genutzt werden, um externen Gefahren zu begegnen?

Hier untersucht man, welche Stärken das Unternehmen vor externen Risiken schützen können.

Davon wird die **Strategie der Absicherung** abgeleitet (ST-Strategie). Man untersucht, welche eigenen Stärken die externen Risiken kompensieren könnten und wie dies praktisch umsetzbar wäre.

Welche externen Chancen werden wegen der Schwächen verpasst?

Hier betrachtet man gezielt die Defizite des Unternehmens und untersucht, welche externen Chancen deswegen ungenutzt bleiben.

Bei der Betrachtung der Schwächen und Chancen begegnet man der **Strategie des Aufholens** (WO-Strategie). Hier wird geschaut, welche Schwächen sich wie verbessern lassen, um die bestehenden Chancen zu ergreifen.

Welche externen Gefahren werden durch die internen Schwächen begünstigt?

Wenn externe Gefahren auf interne Schwächen treffen, kann dies zu massiven Problemen führen. Hier wird geschaut, welchen Risiken das Unternehmen aufgrund der internen Schwächen ausgesetzt ist.

Da eine Konstellation aus Schwächen und Risiken besonders gefährlich sein kann, ergibt sich hieraus die **Strategie des Vermeidens** (WT-Strategie). Man sollte sich dabei überlegen, wie das Unternehmen sich gegen externe Gefahren wappnen kann.

<table>
<tr><td colspan="2" rowspan="2">SWOT</td><td colspan="2">Unternehmensanalyse (interne Faktoren)</td></tr>
<tr><td>Stärken
(Strengths)</td><td>Schwächen
(Weaknesses)</td></tr>
<tr><td rowspan="2">Umfeldanaylse
(externe Faktoren)</td><td>Chancen
(Opportunities)</td><td>Wie können Chancen durch Stärken genutzt werden?</td><td>Welche Chancen werden wegen der Schwächen verpasst?</td></tr>
<tr><td>Risiken
(Threats)</td><td>Wie können Stärken genutzt werden, um Gefahren zu begegnen?</td><td>Welche Gefahren werden durch die internen Schwächen begünstigt?</td></tr>
</table>

Oft wird die SWOT-Analyse als Matrix dargestellt. Außen können die Stärken, Schwächen, Chancen und Risiken eingetragen werden, die sich aus den Analysen des Umfelds und des Unternehmens ergeben. Die inneren Felder sollen die Wechselwirkungen zwischen den kreuzenden Spalten und Zeilen verdeutlichen. Hieraus lassen sich dann die jeweiligen Strategien ableiten.

Ablauf und Fehlerquellen

Man sollte bei der SWOT-Analyse auf einige Dinge achten. So sollte man die einzelnen Schritte klar voneinander trennen.

Zuerst sollten die Stärken, Schwächen, Risiken und Chancen identifiziert werden. Anhand dieser Gegebenheiten können im zweiten Schritt dann die Wechselwirkungen mittels der Leitfragen erarbeitet und mögliche Strategien abgeleitet werden.

Eine weitere Fehlerquelle ist die Verwechslung der internen Stärken mit den externen Chancen.

Beispiel: Eine verkürzte SWOT-Analyse der Mercedes-Benz Group (Februar 2024)

Bei dieser Analyse geht es um die Methodik, weswegen hier nur ausgewählte Aspekte betrachtet werden. Der Fokus liegt bei der Betrachtung hauptsächlich auf dem Elektroautomobilsegment.

Stärken: Das Unternehmen besitzt eine starke Marke mit einem Wert von über 61 Mrd. €, womit sie zu den weltweit wertvollsten Marken zählt. Das Unternehmen wirtschaftet im gehobenen Preissegment und wird mit deutscher Ingenieurskunst und einem luxuriösen Fahrgefühl in Verbindung gebracht, was nicht zuletzt an der Qualität der Verarbeitung liegt.

Zudem investiert das Unternehmen hohe Beträge in Forschung und Entwicklung (5,5 bis 6,6 Mrd. € jährlich in den letzten fünf Jahren). Dies wird durch die enorme finanzielle Kraft ermöglicht, welche zu einem großen Anteil noch aus dem Geschäft mit Verbrennerfahrzeugen generiert wird.

Schwächen: Hier können die Defizite im Softwarebereich genannt werden. Es besteht ein Rückstand gegenüber Tesla und der chinesischen Konkurrenz, die ihren Fokus bereits seit Jahren hierauf gelegt haben.

Chancen: Der Elektroautomobilmarkt ist stark am Wachsen und durch die stetig wichtiger werdende Software gibt es ein zusätzliches Differenzierungsmerkmal. Insbesondere der wachsende Wohlstand in den Schwellenländern birgt die Chance neuer Absatzmärkte.

Risiken: Hier sind die wachsende Anzahl chinesischer Anbieter und der technologische Vorsprung Teslas in den Bereichen Software und Reichweite zu nennen. Zudem wird durch den Wechsel zur E-Mobilität ein großer Teil des vorhandenen Know-hows des Unternehmens entwertet. Die hier vorhandenen Marktanteile spielen langfristig somit eine nachrangige Rolle. Stattdessen besteht das Risiko, nicht mit den Kostenvorteilen der Konkurrenz mithalten zu können. Diese liegen bei Tesla im hohen Technologisierungsgrad der Produktion und bei den chinesischen Herstellern in den standortbedingten Vorteilen.

Zudem wird die Software im Fahrzeug immer wichtiger. Wer hier nicht mithalten kann, läuft Gefahr, sich nicht dauerhaft auf dem Markt behaupten zu können. Tesla ist in dem Bereich führend.

Nun werden die Wechselwirkungen dieser vier Bereiche beleuchtet und diese den entsprechenden Strategien zugeordnet.

Stärken zu Chancen: Durch die starke Marke und das eigene Image könnte die Positionierung im Luxussegment ausgebaut werden. Das Unternehmen kann dabei seine Stärken in der Produktqualität, Verarbeitung, beim Fahrgefühl und Design als Differenzierungsmerkmale nutzen. Durch diesen Fokus auf die eigenen Stärken könnte das Unternehmen luxus- und komfortorientierte Kunden als Zielgruppe ansprechen, welche in den Schwellenländern am Wachsen ist.

Diese »*Strategie des Ausbauens*« würde verhindern, dass man Tesla und die chinesische Konkurrenz in deren Domänen wie Software vollständig einholen müsste, da dies durchaus schwer wäre und eine enorme Kraftanstrengung darstellen würde.

Durch die Positionierung im Luxussegment umgeht das Unternehmen zudem das Problem der eigenen Kostennachteile in der Produktion, da diese im Luxussegment weniger relevant sind als im Massenmarkt.

Somit könnte das Unternehmen durch den Fokus auf die eigenen Fähigkeiten am Wachstum des Elektroautomobilmarkts teilhaben, ohne mit Tesla und den chinesischen Herstellern direkt konkurrieren zu müssen.

Stärken zu Risiken: Der Rückstand gegenüber Tesla bei der Software und Reichweite und die wachsende chinesische Konkurrenz können das Unternehmen zukünftig weitere Marktanteile kosten. Dies könnte auch die Positionierung im Luxussegment gefährden. Hiergegen kann sich das Unternehmen durch die »*Strategie des Absicherns*« schützen.

Die enormen finanziellen Mittel, welche noch durch das Geschäft mit den Verbrennungsmotoren generiert werden, können für die Entwicklung konkurrenzfähiger Software und effizienterer Produktionsverfahren verwendet werden. Hierdurch kann der Rückstand verkleinert und ein weiterer Verlust von Marktanteilen verhindert werden.

Schwächen zu Chancen: Durch die Defizite bei der Software hat es das Unternehmen verpasst, sich Marktanteile in diesem Segment frühzeitig zu sichern und auf neue Märkte vorzudringen, da gute Softwarelösungen vor allem bei jüngeren Zielgruppen und im asiatischen Markt gefragt sind.

Der wachsende Massenmarkt für Elektroautos könnte durch eine Steigerung der eigenen Effizienz und ein Aufholen im Bereich der Software in Teilen für sich beansprucht werden.

Hier fände die »*Strategie des Aufholens*« Anwendung. Durch das Aufholen in Effizienz und Technologie könnte das Unternehmen versuchen, in direkte Konkurrenz zu Tesla und den chinesischen Autobauern zu treten und Marktanteile zu gewinnen.

Schwächen zu Risiken: Die wachsende Zahl von Konkurrenten mit guten Softwarelösungen und der Fähigkeit, sehr günstig zu produzieren, in Kombination mit der eigenen Schwäche in diesen Bereichen, birgt die Gefahr, dass das Unternehmen hier abgehängt werden könnte und folglich einen Imageschaden erleiden würde. Dies würde auch die Qualitätsführerschaft gefährden. Hieraus lässt sich somit die »*Strategie des Vermeidens*« ableiten. So kann beispielsweise durch die Kooperationen mit Softwareunternehmen oder die eigene Entwicklung von innovativen Technologien ein Verlust von Marktanteilen verhindert werden.

Wie sieht die Realität aus?

Diese Analyse hilft uns dabei, das Verhalten des Unternehmens strategisch besser einordnen zu können. Aufgrund des wachsenden Vorsprungs reiner Elektroautomobilhersteller könnte die Strategie des Aufholens hier ziemlich riskant sein, da diese sehr teuer ausfallen würde und der Erfolg einer derart direkten Konkurrenz fraglich wäre. Der Vorsprung der Konkurrenz ist für eine direkte Konkurrenz vermutlich zu groß.

Das Unternehmen fokussiert sich aktuell stattdessen auf das Luxussegment und baut seine bisherigen Stärken aus. Zeitgleich versucht es, im Bereich der Software mit einer Kooperation mit Nvidia aufzuholen und tätigt Kostenreduktionsinvestitionen, um konkurrenzfähig zu bleiben. Die Forschung und Entwicklung wird dabei von dem Geschäft mit den Verbrennungsmotoren getragen.

Auch diese Strategie ist nicht konkurrenzfrei und kein Garant für Erfolg, jedoch strategisch vermutlich die sinnvollste Alternative.

Nutzen für Investoren

Die SWOT-Analyse findet vor allem im Bereich Consulting Anwendung. Aber auch Ihnen als Privatanleger kann sie einen Mehrwert bei der Einordnung der Analyseergebnisse bieten. Zwar ist die strategische Planung eines Unternehmens in erster Linie nicht die Aufgabe eines Kleinanlegers, jedoch kann Ihnen die SWOT-Analyse ein gutes Verständnis über die möglichen Zielrichtungen der Entscheidungen in einem Unternehmen vermitteln und ermöglicht das frühzeitige Erkennen von Fehlentwicklungen.

Das Hauptaugenmerk bei der Anwendung der SWOT-Analyse liegt für uns jedoch klar auf dem Zusammentragen der Stärken, Schwächen, Chancen und Risiken sowie der Analyse der Wechselwirkungen.

Dies ermöglicht das Aufdecken tiefergehender Problematiken und verhindert eine voreingenommene Betrachtung der Gesamtsituation des Unternehmens.

4.4 Fazit zur qualitativen Analyse

Die qualitative Analyse ermöglicht es Ihnen im nächsten Schritt, der Bewertung des Unternehmens, haltbare Prognosen über die zukünftige Entwicklung zu treffen.

Im Rahmen der Unternehmensanalyse haben Sie das Geschäftsmodell des Unternehmens verstanden und die Produkte kennengelernt. Sie kennen die Erfolgsfaktoren und Schwächen des Unternehmens, können die Wettbewerbsstrategie einordnen und das Management einschätzen.

Durch die Umfeldanalyse haben Sie die externen Einflussfaktoren kennengelernt, die Branchenstruktur analysiert und einen Konkurrenzvergleich durchgeführt.

Die Stärken, Schwächen, Risiken und Chancen, die sich aus den Analysen des Unternehmens und des Umfelds ergeben haben, werden im dritten Schritt im Rahmen der SWOT-Analyse zusammengeführt und kombiniert betrachtet. Dies ermöglicht einen ausgewogenen und umfassenden Blick auf das Unternehmen. Hierdurch sollen vor allem die zentralen Probleme und Aufgaben herausgearbeitet werden, die auf das Unternehmen zukommen.

Der dreiteilige Aufbau der Analyse fokussiert sich dabei auf die für Investoren relevantesten Kernbereiche. Der standardisierte Aufbau fördert zudem eine nüchterne Betrachtungsweise.

Da sich das Umfeld des Unternehmens in einem stetigen Wandel befindet und Veränderungen in jedem Unternehmen Einzug halten, sollten Sie sich bewusst sein, dass auch diese Analyse keinen Anspruch auf eine ewige Gültigkeit hat. Jedoch sind die hieraus gewonnenen Ergebnisse meist weitaus beständiger und verlässlicher als die Ergebnisse der quantitativen Analyse, welche eher als Momentaufnahme zu verstehen sind.

Kapitel 5

Die Bewertung: Das Discounted-Cashflow-Verfahren (DCF-Verfahren)

»*Price is what you pay. Value is what you get.*« – Warren Buffett

5.1 Eine kurze Einordnung

Bei einer Investition in ein Unternehmen sollte dieses den eigenen qualitativen und quantitativen Ansprüchen genügen. Bei einer langfristig orientierten Anlage ist dies als eine Grundvoraussetzung zu verstehen.

Dennoch ist der Kauf eines Qualitätsunternehmens nicht zu jedem Preis sinnvoll. Auch ein qualitativ hochwertiges Unternehmen kann überteuert sein, was die Endrendite für den Investor wiederum massiv schmälern oder sogar negativ werden lassen könnte. Eine alte Kaufmannsweisheit besagt nicht umsonst, dass der Gewinn im Einkauf liegt.

Um überteuerte Käufe vermeiden zu können, schauen wir uns in diesem Kapitel an, wie Sie ein Unternehmen bewerten können. Vorab ist jedoch anzumerken, dass es den exakten Unternehmenswert nicht gibt. Dieser ist von der Qualität der Prognosen des Investors und seiner Zielrichtung abhängig. Dementsprechend gibt es auch unterschiedliche Bewertungsansätze.

Ein Investor, der ein marodes Unternehmen gewinnbringend auflösen möchte, wird somit eher die Vermögenswerte eines Unternehmens ins Auge fassen und diese mit den Verbindlichkeiten abgleichen. Hier fände beispielsweise das sogenannte Liquidationsverfahren Anwendung. Die Ertragskraft des Unternehmens wäre dabei nachrangig, da nicht von einem Fortbestand ausgegangen werden würde.

Bei Investoren, für die die zukünftigen Erträge relevant sind, kommen eher sogenannte Gesamtbewertungsverfahren oder Mischverfahren infrage. Dies wären beispielsweise das Übergewinnverfahren, das Discounted-Cashflow-Verfahren (DCF-Verfahren) oder das Ertragswertverfahren.

In Deutschland war lange Zeit das Ertragswertverfahren dominant, wobei das DCF-Verfahren international das verbreitetste ist und mittlerweile auch hierzulande zunehmend an Relevanz gewinnt. Zudem gilt diese Variante als »sauberer«, da sie bei der Bewertung die Free Cashflows heranzieht, während das Ertragswertverfahren die Gewinne betrachtet.

Aus diesem Grund werden wir uns auf das DCF-Verfahren als Hauptbewertungsverfahren konzentrieren. Hierbei steht im Folgenden die praktische Anwendbarkeit im Fokus. Deswegen wird das Verfahren zwar in der nötigen Komplexität vermittelt, jedoch an einigen Stellen etwas vereinfacht. Somit soll diese Darstellung einen Kompromiss zwischen den sehr komplexen Darstellungen fortgeschrittener Literatur und den sehr vereinfachten und nicht mehr zielführenden Erklärungen einiger Aktien-Einstiegsbücher darstellen.

5.2 Der Grundgedanke

Stellen Sie sich vor, dass Ihnen 1.000 € angeboten werden. Hierbei dürfen Sie wählen, ob die Ausschüttung heute oder in einem Jahr erfolgen soll. Sicherlich würden die meisten das Geld sofort nehmen. In einem Jahr hätte die Inflation einen Teil des Gelds entwertet und man hätte es in der Zwischenzeit anderweitig gewinnbringend anlegen können.

Daraus lässt sich die erste Grundannahme des DCF-Verfahrens folgern, dass der gleiche Geldbetrag heute einen höheren Wert aufweist als in einem Jahr und dieser Wert weiter absinkt, je weiter die Auszahlung in die Zukunft verlagert wird.

Stellen Sie sich nun vor, dass man Ihnen heute 1.000 € oder in einem Jahr 1.100 € anbieten würde. Um diese zeitlich versetzten Werte miteinander vergleichen zu können, müssten die 1.100 € aufgrund des oben beschriebenen Wertverfalls im Laufe des Jahres auf den heutigen Tag abgezinst werden.

Aber welche Abzinsungsrate wäre angemessen? Diese müsste logischerweise das Ausfallrisiko der zukünftigen Zahlung und mögliche alternative Geldanlageoptionen berücksichtigen.

Hieraus ergibt sich die zweite Grundannahme des DCF-Verfahrens. Je höher das Risiko der zukünftigen Zahlungen ausfällt und je attraktiver die alternativen Anlagemöglichkeiten sind, umso höher muss auch die Abzinsungsrate sein.

Diese Annahmen sind für unsere Unternehmensbewertung zentral, denn **nach dem DCF-Verfahren entspricht der Wert eines Unternehmens der Summe aller zukünftigen Free Cashflows, diskontiert auf den heutigen Tag**.

Hinweis

»Abzinsen« und »diskontieren« können synonym verwendet werden. Die Abzinsungsrate wird im Folgenden auch als Diskontierungsrate bezeichnet.

Dementsprechend brauchen wir für unsere Bewertung eine Prognose der zukünftigen Free Cashflows und eine Diskontierungsrate, die das einhergehende Risiko und die Möglichkeit alternativer Geldanlagen einbezieht.

Nun ist jedoch anzumerken, dass wir nicht alle zukünftigen Free Cashflows für die gesamte Lebensdauer eines Unternehmens prognostizieren können. Ab einem gewissen Punkt wird die Planung zu ungenau.

Hieraus ergibt sich der zweistufige Aufbau des DCF-Verfahrens. In der ersten Stufe wird der Barwert der Cashflows einer zeitlich begrenzten Planungsperiode errechnet, und im Anschluss wird der Barwert aller Zahlungen ermittelt, die über diese Planungsperiode hinausgehen.

Hinweis

Der Barwert, auch Gegenwartswert oder Present Value genannt, ist der aktuelle Wert der zukünftig erwarteten Zahlungen. Diesen erhält man, wenn man die zukünftige Zahlung mittels der Diskontierungsrate auf den heutigen Tag abzinst.

5.3 Stufe 1: Die Planungsperiode

In der ersten Stufe berechnen wir den Barwert der sogenannten Planungsperiode. Hierbei sollten wir einen mittelfristigen Zeitraum wählen, für welchen wir realistisch in der Lage sind, die Free Cashflows zu prognostizieren. Dieser Zeitraum sollte nach Möglichkeit zwischen fünf und zehn Jahren liegen. Insbesondere bei hohen Wachstumsraten sollte die Planungsperiode möglichst weit gefasst werden, da dies die Bewertung exakter macht.

Das Prognostizieren der Free Cashflows wird weiter unten genauer behandelt. Hier möchten wir uns zunächst auf die Formel zur Errechnung des Barwerts der Planungsperiode konzentrieren:

$$\text{Barwert Planungsperiode} = \frac{\text{FCF 1}}{(1+r)} + \frac{\text{FCF 2}}{(1+r)^2} + \frac{\text{FCF 3}}{(1+r)^3} + \cdots + \frac{\text{FCF tn}}{(1+r)^n}$$

FCF steht hierbei für den Free Cashflow des jeweiligen Jahrs.

FCF $\mathbf{t}_n$ steht für den Free Cashflow des Jahrs n.

Die Variable **n** entspricht dabei dem letzten Jahr der Planungsperiode. Wenn diese aus 8 Jahren bestünde, so wäre n = 8.

Das **r** steht für die Diskontierungsrate in Form einer Dezimalzahl, 8 Prozent wären somit 0,08. Die Bestimmung der Diskontierungsrate wird ebenfalls weiter unten separat behandelt.

Somit diskontiert diese Formel die Free Cashflows der einzelnen Jahre auf den heutigen Tag und addiert die Werte zum Barwert der gesamten Planungsperiode.

Beispiel: Die hypothetische Bewertung einer Corona-Teststation

Die Corona-Teststationen sind ein schönes Beispiel für die Anwendung der obigen Formel, da es sich hierbei um eine Unternehmung mit begrenzter Laufzeit handelt. Somit bedarf es bei der Bewertung nur der Planungsperiode. Bei unserer Betrachtung gehen wir davon aus, dass von Beginn an bekannt war, dass die Teststation nach drei Jahren geschlossen werden muss.

Es wird ein Diskontierungsfaktor von 10%, also 0,1, angenommen. Es werden zu Beginn die folgenden Free Cashflows prognostiziert:

Jahr (t):	**t+1**	**t+2**	**t+3**
Free Cashflow:	40.000 €	60.000 €	50.000 €

Die Wertberechnung anhand der gegebenen Daten zum Zeitpunkt t+0 sähe wie folgt aus:

$$\text{Unternehmenswert} = \frac{40.000}{(1+0{,}1)} + \frac{60.000}{(1+0{,}1)^2} + \frac{50.000}{(1+0{,}1)^3} = 123.516\ €$$

Somit ist die Corona-Teststation zu Beginn 123.516 € wert.

5.4 Stufe 2: Der Terminal Value (TV)

In der zweiten Stufe des DCF-Verfahrens wird der Barwert des Terminal Values (TV), auch Restwert oder ewige Rente genannt, berechnet. Dieser beschreibt den Wert aller Free Cashflows, die nach der Planungsperiode anfallen. Schließlich geht man in der Regel von einem Fortbestand des Unternehmens nach der Planungsperiode aus. Dementsprechend müssen die hiernach erwirtschafteten Free Cashflows ebenfalls in die Bewertung einfließen.

Zunächst wird der Terminal Value berechnet:

$$\text{Terminal Value} = \frac{\text{FCF tn} * (1+g)}{(r-g)}$$

Das **g** steht hierbei für die ewige Wachstumsrate. Diese beschreibt das ewige Wachstum des Unternehmens nach der Planungsperiode. Die Ermittlung dieser Variable wird weiter unten genauer erklärt. Für uns ist vorerst wichtig, dass es sich hierbei um eine Prozentzahl in Dezimalschreibweise handelt, also beispielsweise 0,02 für 2%.

Da der Terminal Value noch diskontiert werden muss, um dessen Barwert zu erhalten, sieht die Formel wie folgt aus:

$$\text{Barwert Terminal Value} = \frac{\text{Terminal Value}}{(1+r)^n}$$

Die Variable **n** steht auch hier wieder für das letzte Jahr der Planungsperiode.

Beispiel: Die Corona-Teststation wird zum Imbiss

Gehen wir davon aus, dass der Betreiber unserer Teststation aus dem vorangegangenen Beispiel gar nicht vorhatte, diese nach drei Jahren zu schließen. Stattdessen wollte er diese im Anschluss in einen Imbiss umwandeln, der ca. die gleichen Free Cashflows erwirtschaftet wie die Teststation.

Der Terminal Value setzt bei ihm ab dem vierten Jahr, also mit der Umwandlung in einen Imbiss, an. Im dritten Jahr lag der Free Cashflow bei 50.000 €. Der Diskontierungsfaktor liegt weiterhin bei 10%. Er geht bei der Bewertung von einer ewigen Wachstumsrate von g = 0,02 aus, also 2%. Somit sieht die Rechnung wie folgt aus:

$$\text{Terminal Value} = \frac{50.000 * (1 + 0{,}02)}{0{,}1 - 0{,}02} = 637.500\ €$$

$$\text{Barwert Terminal Value} = \frac{637.500}{(1 + 0{,}1)^3} = 478.963\ €$$

Somit liegt der Barwert des Terminal Values bei 478.963 €.

5.5 Das Ergebnis der Bewertung

Wenn man nun den Barwert des Terminal Values zum Barwert der Planungsperiode hinzuaddiert, erhält man den Wert des Unternehmens, genauer gesagt den Wert des Eigenkapitals.

$$\text{Wert des Eigenkapitals} = \text{Barwert Planungsperiode} + \text{Barwert TV}$$

Nicht betriebsnotwendige Vermögenswerte können theoretisch zum errechneten Wert des Eigenkapitals hinzuaddiert werden, da diese nicht operativ benötigt und somit theoretisch jederzeit veräußert werden könnten. Dies würde sofortige Free Cashflows freisetzen.

Beispiel: Was ist unsere Teststation nun wert?

Wenn wir nun die Barwerte der Planungsperiode und des Terminal Values miteinander summieren, ergibt sich der folgende Wert:

$$\text{Wert des Eigenkapitals} = 123.516 + 478.963 = 602.479\ €$$

Damit liegt der Wert des Eigenkapitals bei 602.479 €.

Bei der Berechnung fällt der große Anteil des Terminal Values am Wert des Eigenkapitals auf. Dies ist hier zwar auch durch die recht kurze Planungsperiode des Beispiels bedingt, im Allgemeinen jedoch nicht unüblich.

Wenn wir nun den Wert des Eigenkapitals durch die Anzahl der Aktien des Unternehmens dividieren, erhalten wir den inneren Wert je Aktie, also das, was eine Aktie nach unserer Bewertung Wert ist.

$$\text{innerer Wert je Aktie} = \frac{\text{Wert des Eigenkapitals}}{\text{Anzahl der Aktien}}$$

Beispiel: Der Imbiss geht an die Börse

Stellen Sie sich nun vor, dass unser Imbissbesitzer das Unternehmen in eine Aktiengesellschaft umwandelt und 5.000 Aktien ausgibt. Was wäre der innere Wert je Aktie?

$$\text{innerer Wert je Aktie} = \frac{602.479}{5.000} = 120{,}50\ €$$

Dieser innere Wert wird auch als fairer Wert bezeichnet und läge in unserem Beispiel bei 120,5 €.

5.6 Es gibt verschiedene DCF-Verfahren

Das DCF-Verfahren dürfte in seinen Grundzügen nun klar sein. Jedoch ist der Vollständigkeit halber und zur Vermeidung künftiger Verwirrungen anzumerken, dass es verschiedene Abwandlungen dieses Verfahrens gibt.

So unterscheidet man zwischen der Nettomethode (Equity-Ansatz) und den Bruttomethoden (Entity-Ansätze). In diesem Buch verfolgen wir den Equity-Ansatz, genauer gesagt die Flow-to-Equity-Methode (FTE). Bei dieser errechnen wir direkt den Wert des Eigenkapitals, was dann aus unserer Sicht gleichsam die faire Marktkapitalisierung darstellt.

Marktkapitalisierung

Die Marktkapitalisierung ist die Bewertung des Eigenkapitals eines Unternehmens an der Börse. Sie wird wie folgt errechnet:

$$\text{Marktkapitalisierung} = \text{Aktienkurs} * \text{Anzahl der Aktien}$$

Bestünde ein Unternehmen aus nur einer Aktie, wäre die Marktkapitalisierung somit zeitgleich ihr Aktienkurs.

Sollte ein Unternehmen beispielsweise Stamm- und Vorzugsaktien ausgegeben haben, so wird die Anzahl der Stammaktien mit deren Kurs multipliziert und dasselbe erfolgt mit den Vorzugsaktien. Im Anschluss werden die Ergebnisse summiert.

Der Entity-Ansatz errechnet hingegen den Gesamtwert des Unternehmens, also den Wert von Fremd- und Eigenkapital. Beim Entity-Ansatz werden die Cashflows somit anders berechnet, da die Zahlungsströme an alle Kapitalgeber berücksichtigt werden müssen. Auch bei der Bestimmung der Diskontierungsrate gibt es Unterschiede zum Equity-Verfahren, da hier die Gesamtkapitalkosten relevant sind. Diese werden als Weighted Average Cost of Capital (WACC) bezeichnet.

Der Entity-Ansatz gliedert sich zudem aufgrund der verschiedenen Möglichkeiten zur Berücksichtigung der Steuerquote weiter in das TCF- und APV-Verfahren auf.

Trotz der handwerklichen Unterschiede kommen alle Methoden bei korrekter Anwendung jedoch theoretisch zum gleichen Ergebnis. Aus diesem Grund beschränkt sich dieses Buch auf die Vermittlung eines einzigen Ansatzes. Die Wahl fiel hierbei auf den Equity-Ansatz, da dieser praxisnah und am unkompliziertesten ist.

5.7 Die Prognose der Free Cashflows (FCF) der Planungsperiode

Die Qualität Ihrer Bewertung ist maßgeblich von der Qualität Ihrer Prognosen abhängig. Um qualitativ hochwertige Prognosen zu erhalten, reicht es oft nicht aus, die vergangene Steigerung der Free Cashflows linear in die Zukunft fortzuführen. Dies wäre allein schon deswegen problematisch, da die Free Cashflows sehr schwankungsanfällig sind und sich häufig nicht linear entwickeln.

Aus diesem Grund wird die Prognose im Folgenden in drei Schritte unterteilt:

1. Die Umsatzprognose
2. Die Gewinnprognose
3. Die Prognose der Free Cashflows

Wie bereits angemerkt, sollte die Prognose für fünf bis zehn Jahre erfolgen, wobei die Wahl des Zeitraums davon abhängt, wann das Wachstum des Unternehmens in die ewige Wachstumsrate übergeht. Wenn das Unternehmen sich nicht mehr in seiner Wachstumsphase befindet und seit Jahren bereits konstant im niedrigen einstelligen Wachstumsbereich liegt, so reicht theoretisch bereits ein Prognosezeitraum von zwei Jahren aus. Ein längerer Zeitraum ist jedoch keinesfalls problematisch und stellt bei der Zuhilfenahme eines Tabellenkalkulationsprogramms wie Excel keinen signifikanten Mehraufwand dar.

Mit den in diesem Kapitel als Free Cashflows bezeichneten Geldflüssen sind im Übrigen stets die Netto-Free-Cashflows gemeint. Diese stehen vollständig den Eigenkapitalgebern zu und werden auch als Flow-to-Equity bezeichnet.

5.7.1 Die Umsatzprognose

Die Umsatzentwicklung ist von besonderer Wichtigkeit, da sie die Grundlage für die Entwicklung der Gewinne und Free Cashflows darstellt. Jedoch ist bei dieser anzumerken, dass es keine einheitliche Herangehensweise für die Prognose des Umsatzes gibt.

Als erster Indikator für die zukünftige Umsatzentwicklung ist die vergangene Umsatzentwicklung zu nennen, welche sich anhand der bereits beschriebenen CAGR berechnen lässt.

Des Weiteren sind Prognosen des Managements und die Umsatz- und Gewinnerwartungen der Geschäfts- und Zwischenberichte gute Anhaltspunkte für die künftige Entwicklung.

Aber auch Phänomene wie ein langsameres prozentuales Wachstum bei einer zunehmenden Unternehmensgröße sollten bedacht werden. So ist eine Umsatzverdopplung bei einem Umsatz von 10 Mio. € wahrscheinlicher als bei einem Umsatz von 10 Mrd. €.

Im Übrigen sollte der Fokus bei der Prognose auf organischem Wachstum liegen, da Wachstum durch Akquisitionen in der Regel nur schwer planbar ist und der Erfolg von Übernahmen nur sehr schwer abgeschätzt werden kann.

Umsatzplanung der einzelnen Segmente

Wenn man sich etwas tiefer in den Prognosevorgang begibt, kann man eine Umsatzplanung von unten nach oben durchführen. Dabei wird nicht der Gesamtumsatz prognostiziert, sondern der Umsatz der einzelnen Segmente. Dies ist vor allem dann sinnvoll, wenn ein Unternehmen verschiedene Segmente mit einem unterschiedlich stark ausgeprägten Wachstum aufweist. Wenn die Umsatzentwicklung in einem Segment beispielsweise stagniert, während zwei andere Segmente stark wachsen, so kann eine Prognose der einzelnen Segmente genauer und weniger anfällig für Fehler sein als die Prognose des Gesamtumsatzes. Zudem lassen sich hierbei Besonderheiten der einzelnen Segmente besser berücksichtigen.

Diese Prognose der Segmente kann auch ein guter Hinweis dafür sein, wie profitabel das Wachstum sein wird. Wenn die margenstärksten Segmente am stärksten wachsen, so wird sich dies vermutlich positiv auf die Rentabilität des gesamten Unternehmens auswirken.

Korrelation als Indikator

Auch sind in einigen Fällen Rückschlüsse von äußeren Entwicklungen auf das Umsatzwachstum eines Unternehmens möglich. Der Grund hierfür sind Korrelationen zwischen dem übergeordneten Einflussfaktor und dem Umsatz. So wird die Umsatzentwicklung eines Herstellers von Rollatoren in gewisser Weise mit der demografischen Entwicklung in den Hauptmärkten des Unternehmens korrelieren.

Zyklische Unternehmen korrelieren jedoch eher mit dem Bruttoinlandsprodukt und das Baugewerbe sowie seine Zulieferer mit der Bautätigkeit. Zwar sind diese Entwicklungen nur als Anhaltspunkte zu verstehen, können jedoch bei der Anpassung der Prognosen helfen. Als Quelle für die Prognosen der Bruttoinlandsprodukte einzelner Länder können die Datenbanken des Internationalen Währungsfonds und der Weltbank genutzt werden.

Selbstverständlich gibt es je nach Branche und Unternehmen unterschiedliche Wachstums- und Nachfragetreiber.

Die Auftragssituation als Indikator

Einige Unternehmen weisen den Auftragseingang und -bestand aus. Dies sind gute Indikatoren für die zukünftige Umsatzentwicklung.

Wenn in einem definierten Zeitraum mehr Aufträge bei einem Unternehmen eingehen, als Umsätze erwirtschaftet werden, so ist dies bei ausreichenden Produktionskapazitäten ein Zeichen für steigende Umsätze. Um dies zu verdeutlichen, kann die Book-to-Bill-Ratio herangezogen werden:

$$\text{Book-to-Bill-Ratio} = \frac{\text{Auftragseingänge}}{\text{Umsätze}}$$

Liegt diese Kennzahl über 1, so kann von steigenden Umsätzen ausgegangen werden. Theoretisch kann man die Kennzahl sogar als Faktor für die Entwicklung in der Folgeperiode betrachten. Eine Book-to-Bill-Ratio von 2 entspräche somit einer Umsatzverdopplung. Jedoch muss beachtet werden, dass Aufträge auch storniert werden können. Auch die Produktionskapazitäten wirken, wie bereits angedeutet, begrenzend. Somit sind Aufträge nicht als sichere zukünftige Umsätze anzusehen.

Neben dem kann auch ein hoher Auftragsbestand für steigende oder konstante Umsätze sorgen. Auch dieser kann mit dem Umsatz ins Verhältnis gesetzt werden, um abzuschätzen, wie lange das Unternehmen mit dem aktuellen Bestand noch produzieren kann. Dies wird in der Regel durch die Auftragsreichweite ausgedrückt:

$$\text{Auftragsreichweite in Tagen} = \frac{\text{Auftragsbestand}}{\text{Jahresumsatz}} * 365$$

Ein Wert von 365 würde bedeuten, dass das Unternehmen ein Jahr lang ohne neue Auftragseingänge produzieren oder dass es bei einer Steigerung der Produktionskapazitäten ein Umsatzwachstum durch den aktuellen Auftragsbestand erzielen könnte. Somit könnte auch ein Auftragsbestand, der die vergangenen Jahresumsätze übersteigt, als Indikator für einen Umsatzanstieg verstanden werden.

Der Markt als beschränkende Größe

Bei der Planung des Umsatzwachstums sollte das Marktwachstum nicht außer Acht gelassen werden. Umsatzschätzungen, die das erwartete Marktvolumen überschreiten oder durch ein überproportionales Wachstum einen unrealistischen Marktanteil prognostizieren, sollten somit kritisch hinterfragt werden.

Die Entwicklung von Unternehmen in stark wachsenden Märkten wird im Kapitel 7 nochmals vertiefend behandelt.

Erfolg einzelner Projekte

Man sollte nicht vergessen, dass es keine einheitliche Formel für die Schätzung zukünftiger Umsätze gibt. So kann der Umsatz auch maßgeblich von dem Erfolg einzelner Projekte abhängen. Bei einem Videospieleentwickler könnte dies der Erfolg eines bestimmten Spiels sein, welches im Folgejahr erscheinen soll.

Beispiel: Umsatzprognose Fielmann

Bei der Umsatzprognose von Fielmann kann zunächst festgehalten werden, dass das Unternehmen längerfristig je nach Betrachtungszeitraum ein durchschnittliches vergangenes Umsatzwachstum von 5 bis 6% aufweist.

Durch den demografischen Wandel, die zunehmende Nachfrage auch in jüngeren Zielgruppen und den wachsenden Wohlstand in Schwellenländern wird ein mittelfristiges Wachstum im globalen Brillenmarkt von ca. 6% angenommen. In Fielmanns Kernmarkt Europa liegt dieser Wert jedoch nur bei ca. 2,5%. Dies lässt sich dadurch begründen, dass das globale Wachstum dieses Markts vor allem durch den asiatischen Raum getrieben wird.

Zeitgleich ist zu erkennen, dass Fielmann in seinen Kernmärkten sowohl durch Übernahmen als auch durch organisches Wachstum Marktanteile gewinnen konnte. Dies liegt zum Teil auch daran, dass viele selbstständige Optiker in den Kernmärkten keine Nachfolger mehr finden und das Geschäft folglich nicht weitergeben können, was dazu führt, dass diese Angebotslücken durch größere Ketten geschlossen werden.

Die kontinuierliche Erhöhung der eigenen Marktanteile in den Kernmärkten, das überproportionale Wachstum in den Wachstumsmärkten und die Expansion in neue Märkte, wie Nordamerika, machen somit mittelfristig ein durchschnittliches Umsatzwachstum über dem Wachstum des eigenen Kernmarkts realistisch.

Für 2023 meldete das Unternehmen einen Konzernumsatz von ca. 1,97 Mrd. €, was einem Umsatzanstieg gegenüber dem Vorjahresniveau von ca. 12% entspricht, wobei dieses Ergebnis auch teilweise auf Akquisitionen zurückzuführen ist.

Wenn man nun davon ausgeht, dass das Unternehmen in der mittelfristigen Zukunft sein Umsatzwachstum bei 5% und 2024 kurzfristig bei 12% halten kann, sähe die Umsatzprognose einer 8-jährigen Planungsperiode wie folgt aus:

Jahr:	2024	25	26	27	28	29	30	31
Umsatz (Mrd. €)	2,21	2,32	2,43	2,55	2,68	2,82	2,96	3,10
CAGR (%)	12%	5%	5%	5%	5%	5%	5%	5%

Das kurzfristige Wachstum von 12% wurde hierbei vom Ausblick des Geschäftsberichts 2023 übernommen.

Trotz des aktuellen Wachstumskurses des Unternehmens wurde mittelfristig das vergangene Wachstum von ca. 5% über die gesamte Planungsperiode ab dem Jahr 2025 extrapoliert, da hier von konservativen Annahmen ausgegangen werden sollte. Zudem wurde der Fokus auf das organische Wachstum gelegt, da Wachstum durch Übernahmen nicht wirklich planbar und häufig nicht wertschaffend ist.

Hierbei ist anzumerken, dass diese Prognose lediglich auf Korrelationen beruht und, um den Rahmen des Buchs nicht zu sprengen, relativ simpel gehalten wurde.

5.7.2 Die Gewinnprognose

Eine valide Umsatzplanung ist die Grundlage für den nächsten wichtigen Schritt, die Gewinnprognose.

Erste Anhaltspunkte hierfür sind ebenfalls die Schätzungen des Managements und die vergangene Margen- und Gewinnentwicklungen. Für eine erste grobe Einschätzung der Gewinne der Planungsperiode kann dies schon ausreichend sein.

Wenn man die Gewinnschätzungen jedoch detaillierter durchführen und die Schätzungen des Managements validieren möchte oder diese für zu optimistisch hält, kann eine Untergliederung der Schätzung wie beim Umsatz erfolgen.

Dabei ist jedoch nicht die detaillierte Betrachtung der Segmente gemeint, sondern die Betrachtung der einzelnen Kostenpositionen und eine Abschätzung ihrer Entwicklung. Zwar ist dies ebenfalls auf der Ebene der Segmente möglich, jedoch nicht so elementar wie bei der Umsatzschätzung.

Bei der Gewinnschätzung können die folgenden Leitfragen hilfreich sein:

- Wird das Unternehmen zukünftig, beispielsweise durch Skaleneffekten, von einer **Fixkostendegression** profitieren oder wird es zu einem **Fixkostenanstieg** kommen?
- Ist eine Kostensenkung oder ein Kostenanstieg bei den **Inputfaktoren** (Rohstoffe, Personalkosten etc.) absehbar?
- Könnten **technologische Entwicklungen** oder **Effizienzsteigerungen** zu Kostensenkungen führen?
- Konnte das Unternehmen in der **Vergangenheit nachhaltige Kostensenkungen** erzielen?

- Ist das Unternehmen in der Lage, die **Gewinne aus den Kostensenkungen für sich zu behalten**?
- Konnte das Unternehmen vergangene **Kostenanstiege an seine Kunden weitergeben**?
- Verändert sich die **Zinslast**?
- Kommt es zu einer Änderung der **Steuerquote**?
- In welcher Phase des **Produktlebenszyklus** befinden sich die wichtigsten Produkte des Unternehmens?
- Wo liegen die **Margen vergleichbarer Unternehmen** aus demselben Sektor?

Mit diesen Fragen können Sie entscheiden, ob die Margenentwicklung fortgeführt werden kann oder ob Kostenveränderungen mit Einfluss auf die Margen wahrscheinlich sind.

Nun könnte beispielsweise die Umsatzrendite angepasst werden, um den Gewinn der Folgejahre grob abzuschätzen.

Als genauere, jedoch deutlich aufwendigere Alternative würde sich eine Prognose der einzelnen Positionen der GuV mittels einer Tabellenkalkulation für die nächsten Jahre anbieten. Somit könnten Kostenveränderungen, wie beispielsweise ein Kostenanstieg bei den Rohstoffen, präziser abgebildet werden. Sollten keine gravierenden Kosten- oder Margenveränderungen zu erwarten sein, kann auf diese Detailplanung jedoch verzichtet werden. Bei so vielen Einflussfaktoren kann ein weniger komplexer Ansatz auch ein Vorteil sein.

Der Produktlebenszyklus

Unter Umständen kann auch der Produktlebenszyklus einen Einfluss auf die Umsatz- und Margenentwicklung eines Unternehmens haben. Dieses Konzept ist insbesondere bei einem sehr konzentrierten Produktangebot relevant.

Der Produktlebenszyklus beschreibt dabei die verschiedenen Lebensphasen eines Produkts und die damit einhergehenden Umsatz- und Gewinnentwicklungen:

In der ersten Phase des Produktlebenszyklus, der **Entwicklungsphase**, fallen Kosten an, denen keine Umsätze gegenüberstehen. Während der Entwicklung erwirtschaftet das Unternehmen mit dem Produkt somit Verluste.

Nachdem das Produkt entwickelt worden ist, folgt die **Einführungsphase**. Hier werden die ersten Umsätze erzielt, wobei diese aufgrund der geringen

Stückzahl, der Unbekanntheit und möglicherweise hoher Marketingkosten noch unprofitabel sind.

In der darauffolgenden **Wachstumsphase** steigen die Umsätze und werden idealerweise auch profitabel.

Hiernach folgt die **Reifephase**. In dieser verringert sich das Umsatzwachstum und der Umsatz erreicht sein höchstes Niveau. Der Wettbewerb steigt und die Margen pendeln sich ein. Die Länge dieser Phase hängt von der Weiterentwicklung des Produkts, den Wettbewerbsvorteilen des Unternehmens und möglichen Ersatzprodukten ab. Die Reifephase ist für gewöhnlich die längste Phase.

Nach der Reifephase folgt in der Regel die **Sättigungsphase**, in welcher die Umsätze rückläufig sind und die Margen zu sinken beginnen.

In der letzten Phase kommt es zu einem verstärkten **Rückgang** der Umsätze aufgrund neuer Ersatzprodukte, bis die Umsätze nicht mehr profitabel sind.

Eine Einordnung der wichtigsten Gewinn- und Umsatztreiber sowie zukünftig vermutlich relevanter Produktneueinführungen in diesen Zyklus kann ein guter Hinweis auf die zukünftige Umsatz- und vor allem Margenentwicklung sein.

Beispielsweise kann bei einem Videospielehersteller mit einer sehr begrenzten Anzahl an Titeln der Produktlebenszyklus der einzelnen Spiele relevant für die Umsatzplanung sein.

Zeitgleich gibt es Unternehmen, deren Produkte scheinbar ewig in der Reifephase verharren. Ein Beispiel hierfür wäre Coca-Cola.

Beispiel: Gewinnprognose Fielmann

Während die Umsatzrendite des Unternehmens vor der Coronapandemie in den Jahren 2019 und 2018 zwischen 11% und 12% lag, ist der Wert 2020 und 2021 auf knapp über 8% gefallen. 2022 lag die Umsatzrendite bei knapp unter 6%. Dies wurde von dem Unternehmen durch Gehaltsanpassungen bei den Mitarbeitern und Preissenkungen zur Wahrung der Preisführerschaft begründet.

2023 konnte das Unternehmen diesen Trend wieder umkehren und steigerte seine Umsatzrendite auf ca. 6,6%. Dieser erneute Margenanstieg ist auf ein Kostensenkungsprogramm, einen erhöhten Absatz von Gleitsichtbrillen und geringere Marketingmaßnahmen zurückzuführen. Zudem hat das Unternehmen angekündigt, die Profitabilität weiterhin durch Kosteneinsparungen steigern zu wollen.

Da Fielmann seit 2019 neben dem organischen Wachstum auch verstärkt auf Wachstum durch Übernahmen setzt, bei welchen es eine Fremdkapitalfinanzierung nicht ausschließt, hat das Unternehmen die EBITDA-Marge als eigene Messgröße für die Profitabilität des operativen Geschäfts definiert. Hier strebt das Unternehmen im Rahmen der Vision 2025 bis zum Jahr 2025 einen Wert von 25% an.

Wenn entsprechend dem Umsatz für das Jahr 2025 somit eine EBITDA-Marge von 25% angenommen wird, so entspräche dies bei einer konstanten Zinsbelastung, einer Fortführung der Steuerquote und dem unten angeführten Abschreibungsbetrag für das entsprechende Jahr einer Umsatzrendite von ca. 10,6%. Angesichts der vergangenen Werte und der starken Positionierung des Unternehmens in dessen Kernmärkten erscheint dies zwar langfristig realistisch, wird im Folgenden jedoch auf 10% abgesenkt, um auch die Auswirkungen konjunkturell schwächerer Phasen zu berücksichtigen und ein mögliches Verfehlen der Margenziele einzupreisen.

Für 2024 geht das Unternehmen aufgrund der gesamtwirtschaftlichen Lage von einer konstanten bis leicht verbesserten Margensituation gegenüber dem Vorjahr aus. Somit wird im Rahmen der Prognose für 2024 eine Umsatzrendite von 7% angenommen. Hieraus ergibt sich die folgende Gewinnentwicklung während der Planungsperiode:

	2024	2025	2026	2027	2028	2029	2030	2031
Umsatz (Mrd. €)	2,21	2,32	2,43	2,55	2,68	2,82	2,96	3,10
Marge	7%	10%	10%	10%	10%	10%	10%	10%
Gewinn (Mio. €)	143	232	243	255	268	282	296	310

Auch hier ist die Prognose zum Zwecke der Veranschaulichung relativ simpel gehalten worden. Im Rahmen der Gewinnprognose ist stets eine ausführlichere Überprüfung der Profitabilitätsziele eines Unternehmens vor dem Hintergrund der Realisierbarkeit und der langfristigen Haltbarkeit sinnvoll.

5.7.3 Die Prognose der Free Cashflows

Wenn der Jahresüberschuss prognostiziert ist, müssen auf dessen Grundlage die Free Cashflows bestimmt werden. Hierfür können Sie der folgenden Übersicht entnehmen, welche Positionen zu prognostizieren und mit dem Gewinn zu verrechnen sind, um den Free Cashflow zu ermitteln:

Jahresüberschuss
\+ Abschreibungen
– Zuschreibungen
\+ Zuführung zu den Rückstellungen
– Auflösung von Rückstellungen
\+ Rückgang des operativen Working Capitals
– Zunahme des operativen Working Capitals
\+ Desinvestitionen Anlagevermögen
– Investitionen ins Anlagevermögen
= **Free Cashflow**

Im Folgenden werden einige Möglichkeiten zur Schätzung der entsprechenden Positionen an die Hand gegeben. Dabei ist anzumerken, dass dies nur Hilfen zur Schätzung sein können und diese eine gewisse Fehleranfälligkeit aufweisen. Eine präzise Schätzung setzt in der Regel eine genaue Analyse voraus.

Investitionen und Desinvestitionen in das Anlagevermögen

Die **Investitionen in das Anlagevermögen** werden abgezogen, da hierdurch Cashflows gebunden werden. **Desinvestitionen** werden addiert, da hierbei Liquidität freigesetzt wird.

Desinvestitionen sollten nur angesetzt werden, wenn diese angekündigt worden sind oder mit diesen aus anderen Gründen zu rechnen ist. Dies kann beispielsweise der Fall sein, wenn ein Unternehmen Teile des Anlagevermögens, wie Fabriken oder Immobilien, verkauft.

Eine Einschätzung des Investitionsbedarfs für die nächsten Jahre kann häufig dem Geschäftsbericht oder anderweitigen Angaben des Managements entnommen werden. Aber auch eine eigene grobe Abschätzung ist bei einer mangelhaften Informationslage möglich, wie im Folgenden beschrieben wird.

Um die lang- und mittelfristige Entwicklung der Investitionen in das Anlagevermögen zu verstehen, müssen wir zunächst wissen, woraus sich diese zusammensetzen. Diese bestehen nämlich aus Ersatzinvestitionen und Erweiterungsinvestitionen:

Anlageinvestitionen = Erweiterungsinvestitionen + Ersatzinvestitionen

Mit den *Ersatzinvestitionen* wird abgeschriebenes Anlagevermögen ersetzt. Damit entsprechen die Ersatzinvestitionen den Abschreibungen.

Die *Erweiterungsinvestitionen*, auch Wachstumsinvestitionen genannt, sind die Investitionen, die über die Ersatzinvestitionen hinausgehen und mit welchen das Unternehmen sein Anlagevermögen sozusagen erweitert. Diese sind vor allem in der Wachstumsphase hoch. Aber auch im Rahmen von kapitalintensiven Umstellungen können die Erweiterungsinvestitionen erhöht sein.

In der Wachstumsphase kann das Umsatzwachstum ein Indikator für die Entwicklung der Erweiterungsinvestitionen sein, da höhere Umsätze häufig auch mehr Sachanlagen erfordern. *Hier können die Erweiterungsinvestitionen in die Sachanlagen beispielsweise abgeschätzt werden, indem die Sachanlagen des Vorjahrs mit der erwarteten Umsatzwachstumsrate multipliziert werden.* Um dies für alle Jahre der Planungsperiode tun zu können, macht eine Prognose der Sachanlagen unter Zuhilfenahme der erwarteten Umsatzwachstumsraten Sinn.

Investitionen in immaterielle Vermögenswerte oder Finanzanlagen müssen separat geschätzt werden, da diese nicht ausreichend stark mit dem Umsatz korrelieren. Dabei sollten vor allem die Angaben der Geschäftsberichte zu Hilfe gezogen werden.

Spätestens wenn das Unternehmen in die ewige Wachstumsphase übergeht, ist die Phase hoher Anlageinvestitionen jedoch vorbei. Dann belaufen sich die Erweiterungsinvestitionen in der Regel auf 0 oder entsprechen maximal der ewigen Wachstumsrate.

Somit sollten die Anlageinvestitionen langfristig ungefähr den Ersatzinvestitionen entsprechen, welche wiederum den Abschreibungen entsprechen.

Damit gilt: *Langfristig (spätestens am Ende der Planungsperiode) entsprechen die Investitionen in das Anlagevermögen den Abschreibungen.*

Kurz- und mittelfristig, also während der Planungsperiode, können die Anlageinvestitionen von der Höhe der Abschreibungen jedoch abweichen.

Bei dem hier genannten Ansatz geht es um eine Möglichkeit zur Schätzung zukünftiger Anlageinvestitionen. Angaben des Managements sind hierbei jedoch stets vorzuziehen, da die dem Ansatz zugrunde liegenden Annahmen eine gewisse Fehleranfälligkeit aufweisen und auf empirischen und logischen Korrelationen beruhen.

Abschreibungen und Zuschreibungen

Abschreibungen sind nicht zahlungswirksam. Aus diesem Grund werden diese zum Jahresüberschuss wieder hinzuaddiert und mögliche **Zuschreibungen**, auch wenn diese eher selten sind, abgezogen. Schließlich umfasst der Free Cashflow nur zahlungswirksame Beträge.

Die Entwicklung der Abschreibungen auf die Sachanlagen der nächsten Jahre kann anhand der vergangenen Jahre und der Entwicklung der Sachanlagen abgeschätzt werden.

So kann beispielsweise ermittelt werden, wie hoch das Verhältnis der Abschreibungen zu den Sachanlagen des Vorjahrs in der Vergangenheit durchschnittlich gewesen ist. Dieses Verhältnis kann dann auf die Zukunft übertragen werden.

$$\text{Verhältnis Abschreibungen zu Sachanlagen} = \frac{\text{Sachabschreibungen}}{\text{Sachanlagen}}$$

Da die Sachanlagen für die einzelnen Jahre der Planungsperiode bereits bei der Prognose der Anlageinvestitionen ermittelt worden sind, können diese Werte zur Fortschreibung der Abschreibungshöhe genutzt werden.

Da auch die immateriellen Vermögenswerte teilweise planmäßig abgeschrieben werden, sollten bei der Berechnung lediglich die Abschreibungen auf das Sachanlagevermögen herangezogen werden. Die Abschreibungen auf die immateriellen Vermögenswerte als zweiten Bestandteil der Abschreibungsplanung sollten separat geschätzt werden. Sollte davon ausgegangen werden, dass sich die immateriellen Vermögenswerte und Finanzanlagen im zeitlichen Verlauf konstant verhalten werden, kann man sich bei der Planung der Investitionen und Abschreibungen lediglich auf die Sachanlagen beschränken, da in dem Fall keine Auswirkungen auf die Free Cashflows durch die immateriellen Vermögenswerte oder Finanzanlagen vorliegen würden.

Hierbei ist anzumerken, dass dies nur einen möglichen Ansatz zur Prognose der Abschreibungen darstellt und auch eher als Annäherung verstanden werden sollte. So ist die Prognose beispielsweise auch mittels der durchschnittlichen Nutzungsdauer der Sachanlagen möglich.

Aufgrund der meist begrenzten Informationslage im Hinblick auf die Zusammensetzung der abzuschreibenden Vermögenswerte ist die Prognose der Abschreibungen in der Regel jedoch relativ fehleranfällig, nicht zuletzt auch aufgrund der beschränkten Möglichkeit, Sonderabschreibungen zu planen.

Langfristig sollten die Abschreibungen, wie bereits erklärt, den Investitionen in das Anlagevermögen entsprechen, wodurch sich die Wirkungen der Abschreibungen und Investitionen auf die Free Cashflows gegenseitig aufheben.

Die Rückstellungen

Ähnlich wie bei den Abschreibungen werden zukünftige **Zuführungen zu den Rückstellungen** hinzuaddiert und **Auflösungen von Rückstellungen** vom Jahresüberschuss abgezogen.

Veränderungen des operativen Working Capitals

Das **operative Working Capital** beschreibt den operativ genutzten Teil des Umlaufvermögens abzüglich der Verbindlichkeiten aus Lieferung und Leistung.

Für die Prognose der Free Cashflows wird das operative Working Capital somit berechnet, indem man die Verbindlichkeiten aus Lieferung und Leistung von den Vorräten und Forderungen aus Lieferung und Leistung abzieht:

$$\text{operatives WC} = \text{Vorräte} + \text{Forderungen aus L\&L} - \text{Verbindlichkeiten aus L\&L}$$

Sollten im Umlaufvermögen weitere operativ genutzte Positionen enthalten sein, so sollten diese ebenfalls hinzuaddiert werden.

Eine Erhöhung des operativen Working Capitals verringert den Free Cashflow, da hierdurch Kapital gebunden wird und somit nicht zur Schuldentilgung oder Ausschüttung zur Verfügung steht.

Damit ist eine Zunahme gegenüber der vorangegangenen Periode vom Jahresüberschuss abzuziehen. Ein Rückgang des operativen Working Capitals wird hingegen hinzuaddiert, da hierbei Liquidität freigesetzt wird. Hierbei ist wichtig zu betonen, dass die Veränderung des operativen Working Capitals gegenüber der vorangegangenen Periode relevant ist.

Die Änderungsrate des operativen Working Capitals hängt meist stark mit der Umsatzentwicklung zusammen. Dies ist logisch, da bei steigenden Umsätzen auch der Vorratsbestand zunimmt und die ausstehenden Forderungen in der Regel ansteigen. Zeitgleich steigen jedoch auch die Verbindlichkeiten aus Lieferung und Leistung an.

Durch die starke Korrelation von Umsatz und operativem Working Capital kann die Änderungsrate des operativen Working Capitals auf Höhe der Umsatzwachstumsrate angesetzt werden. Hierbei können im Einzelfall Anpassungen vorgenommen werden. Dies wäre beispielsweise sinnvoll, wenn die Umschlagshäufigkeit des operativen Working Capitals sich in den letzten Jahren stark verändert haben sollte. Diese kann durch die Division des Umsatzes durch das operative Working Capital errechnet werden. Wenn das operative Working Capital also zunehmend effizienter oder ineffizienter eingesetzt wird, kann die Änderungsrate ein wenig angepasst werden.

Aber auch ungewöhnlich hohe oder niedrige Lagerbestände sollten bei der Berechnung normalisiert werden. Diese können sich kurzfristig nämlich konjunkturbedingt auch umsatzunabhängig entwickeln.

Im Übrigen ist auch ein negatives operatives Working Capital möglich, wenn die Verbindlichkeiten aus Lieferung und Leistung die Summe der Forderungen und Vorräte übersteigen. Dies bedeutet, dass ein Unternehmen sein operatives Geschäft vollständig durch zinsfreie Lieferantenkredite finanzieren kann. In dem Fall sollte jedoch sichergestellt werden, dass die Liquiditätsgrade ausreichend gedeckt sind.

Zudem sollte bei der Prognose geprüft werden, ob das negative operative Working Capital gegebenenfalls nur eine Ausnahme darstellt und ob es wirklich mit dem Umsatzwachstum korreliert. Da eine Fortführung dieses Trends bei einer Fortschreibung des negativen operativen Working Capitals mit der Umsatzwachstumsrate zu einer dauerhaften Erhöhung der zukünftigen Free Cashflows führen würde, sollte hier sehr konservativ prognostiziert werden. Auch die Annahme einer Änderungsrate des operativen Working Capitals von 0% wäre an dieser Stelle möglich, um einer zu optimistischen Prognose entgegenzuwirken.

Die ausnahmsweise Berücksichtigung von Tilgungszahlungen

Wenn ein Unternehmen überschuldet ist und in den Folgejahren eine Tilgung der Schulden bis auf ein vertretbares Niveau sinnvoll und wahrscheinlich wäre, sollte dies bei der Prognose der Free Cashflows berücksichtigt werden. Somit sollte man die notwendigen Tilgungszahlungen in den ersten Jahren von den Free Cashflows abziehen, bis die Verschuldung ein akzeptables Niveau erreicht hat.

Theoretisch wäre das entgegengesetzte Vorgehen bei einer sehr niedrigen Verschuldung ebenfalls möglich. Da hierdurch die Diskontierungsrate aufgrund des steigenden Finanzierungsrisikos mitsteigen müsste, ist dies jedoch nur bedingt zu empfehlen.

Beispiel: Free-Cashflow-Prognose Fielmann

Da dieses Beispiel einen eher erläuternden Charakter hat, werden Hinweise des Managements auf die Entwicklungen einzelner Positionen teilweise vernachlässigt. Stattdessen wird auf die oben erklärten Möglichkeiten zur Prognose der einzelnen zahlungswirksamen Positionen zurückgegriffen.

Bei allen Prognosen wird angenommen, dass der Kapitalumschlag unverändert bleibt. Zur besseren Visualisierung werden alle Werte auf ganze Zahlen gerundet.

Prognose der Anlageinvestitionen

Für unsere Prognose gehen wir davon aus, dass die immateriellen Vermögenswerte relativ konstant bleiben und auch die Finanzanlagen sich nicht verändern.

Die Höhe der Sachanlagen entwickelt sich entsprechend der Umsatzwachstumsrate von zunächst 12% und danach 5%.

Die im Anlagevermögen bilanzierten Nutzungsrechte aus Leasingverhältnissen werden im Folgenden unter den Sachanlagen subsumiert, da davon ausgegangen werden kann, dass sich diese ebenfalls ähnlich zum Umsatz verhalten werden und eine Abschreibung über den Nutzungszeitraum erfolgt.

Die Summe lag Ende 2023 bei 901 Mio. €.

Die folgende Tabelle zeigt in der oberen Zeile stets den prognostizierten Endwert des jeweiligen Jahrs. Darunter ist die von der Umsatzwachstumsrate abgeleitete Wachstumsrate des Sachanlagevermögens (CAGR) aufgeführt und der untersten Spalte kann die Höhe der Erweiterungsinvestition entnommen werden:

In Mio. €	2024	2025	2026	2027	2028	2029	2030	2031
Sachanlagen	1.009	1.059	1.112	1.168	1.226	1.287	1.352	1.352
CAGR	12%	5%	5%	5%	5%	5%	5%	0%
Erweiterungs-investitionen	108	50	53	56	58	61	64	0

Am Ende der Planungsperiode wird zum Übergang in die ewige Wachstumsphase angenommen, dass die Investitionen in die Sachanlagen lediglich aus den Ersatzinvestitionen bestehen.

Prognose der Abschreibungen

In den vergangenen Jahren lag das Verhältnis der Leasingrechte und Sachanlagen zu deren Abschreibung durchschnittlich ungefähr bei 20%.

Damit können die folgenden Abschreibungsbeträge mittels der oben aufgeführten Summen aus Sachanlagen und Nutzungsrechten für die Planungsperiode ermittelt werden:

In Mio. €	2024	2025	2026	2027	2028	2029	2030	2031
Sachabschreibungen	180	202	212	222	234	245	257	270

Bei der Berechnung ist zu beachten, dass sich die Abschreibungen eines Jahrs auf die Sachanlagen des Vorjahrs beziehen.

Da in diesem Beispiel davon ausgegangen wird, dass die Finanzanlagen und immateriellen Vermögenswerte konstant bleiben, werden diese bei der Ermittlung der Anlageinvestitionen ausgeblendet.

Somit bestehen die Anlageinvestitionen in diesem Beispiel aus den Ersatz- und Erweiterungsinvestitionen in die Sachanlagen. Diese können für die Planungsperiode aus der folgenden Tabelle entnommen werden. Die Berechnung erfolgt durch die Addition der Abschreibungen und Erweiterungsinvestitionen der einzelnen Jahre:

In Mio. €	2024	2025	2026	2027	2028	2029	2030	2031
Anlage-investitionen	288	252	265	278	292	307	322	270

Prognose des operativen Working Capitals

Ende 2023 lagen die Vorräte bei ca. 224,7 Mio. €, die Forderungen aus Lieferung und Leistung bei ca. 56,6 Mio. € und die Verbindlichkeiten aus Lieferung und Leistung bei ca. 92,2 Mio. €. Hieraus ergibt sich ein operatives

Working Capital (WC) von gerundet 188 Mio. €. Anhand der folgenden Tabelle kann die Entwicklung während der Planungsperiode nachvollzogen werden:

In Mio. €	2024	2025	2026	2027	2028	2029	2030	2031
WC	211	221	232	244	256	269	282	296
CAGR	12%	5%	5%	5%	5%	5%	5%	5%
Δ WC	23	11	11	12	12	13	13	14

Für die Berechnung der Free Cashflows ist lediglich die Veränderung des operativen Working Capitals (Δ WC) in der unteren Zeile relevant.

Berechnung der Free Cashflows

Die Cashflows aus Verschuldung, Schuldentilgung und der Veränderung der Rückstellungen werden in diesem Beispiel vernachlässigt. Hierbei wird davon ausgegangen, dass die Positionen konstant bleiben. Somit ergibt sich die folgende Tabelle zur Berechnung der Free Cashflows:

In Mio. €	2024	2025	2026	2027	2028	2029	2030	2031
Gewinn	143	232	243	255	268	282	296	310
Abschreibungen	180	202	212	222	234	245	257	270
Anlageinvestitionen	288	252	265	278	292	307	322	270
Δ WC	23	11	11	12	12	13	13	14
FCF	**13**	**171**	**179**	**188**	**198**	**207**	**218**	**296**

Wie bereits erklärt, werden die Abschreibungen zum Gewinn hinzuaddiert, während die Anlageinvestitionen und die Zunahme des operativen Working Capitals abgezogen werden.

5.8 Die Diskontierungsrate bestimmen

Die Diskontierungsrate ist aufgrund ihres enormen Einflusses auf das Endergebnis ein zentraler Faktor bei der Wertermittlung. Sie wird als Renditeerwartung der Aktionäre verstanden und beschreibt somit die Eigenkapitalkosten des Unternehmens. Hierbei ist anzumerken, dass diese Aussage sich explizit auf das Equity-Verfahren bezieht, da bei den Entity-Verfahren die Fremdkapitalkosten ebenfalls berücksichtigt werden.

Bei der Bestimmung der Diskontierungsrate können uns zwei Annahmen helfen. Zum einen ist festzuhalten, dass das Risiko der Eigenkapitalgeber stets höher sein muss als das Risiko der Fremdkapitalgeber. Dies ergibt sich aus der bereits erklärten unterschiedlichen Rechtsstellung beider Kapitalformen. Da die Diskontierungsrate die Eigenkapitalkosten darstellt, muss diese folglich höher sein als der Zinssatz, den das jeweilige Unternehmen auf sein Fremdkapital zahlt. Damit ergibt sich die folgende Regel für den Diskontierungsfaktor **r**:

$$r > \text{Fremdkapitalkosten}$$

Die Fremdkapitalkosten können, wenn diese ausgewiesen sind, aus dem Jahresabschluss übernommen oder anhand der zinstragenden Verbindlichkeiten in Relation zur Zinslast errechnet werden:

$$\text{Fremdkapitalkosten} = \frac{\text{Zinsaufwand der Periode}}{\text{zinstragendes Fremdkapital}}$$

Dieses Kriterium stellt in der Regel jedoch kein wirkliches Problem dar, da der nach der folgenden Anleitung bestimmte Diskontierungsfaktor in der Regel höher liegt.

Wenn Sie nämlich bedenken, dass Ihre Renditeforderung sowohl alternative Anlagemöglichkeiten als auch eine angemessene Vergütung des getragenen Risikos berücksichtigen soll, ergibt sich die folgende Formel für die Eigenkapitalkosten und damit auch für die Diskontierungsrate **r**:

$$r = \text{risikofreier Zinssatz} + \text{Risikoaufschlag}$$

Die dahinterstehende Annahme ist, dass die Rendite der risikoärmsten Anlagealternative nicht unterschritten werden darf, da diese rational betrachtet ansonsten eine attraktivere Anlageoption darstellen würde. Diese Mindestrenditeforderung wird durch den risikofreien Zinssatz abgebildet.

Da eine Investition in ein Unternehmen im Allgemeinen jedoch mit einem höheren Risiko behaftet ist, wird zusätzlich eine adäquate Risikovergütung erwartet. Hieraus ergibt sich die Addition des Risikoaufschlags.

Damit entspricht die Diskontierungsrate den oben erläuterten Grundannahmen des DCF-Verfahrens.

5.8.1 Der risikofreie Zinssatz

Das Bestimmen des risikofreien Zinssatzes ist vergleichsweise simpel. Dieser entspricht der Rendite von 10-jährigen Staatsanleihen bester Bonität. Diese sind anhand eines AAA-Ratings zu erkennen.

Hierbei ist jedoch anzumerken, dass auch solche Anleihen natürlich nicht absolut risikofrei sind.

Auch sollte beachtet werden, dass der risikofreie Zins nicht negativ sein kann, da ansonsten Barmittel lukrativer wären als Staatsanleihen.

Beispiel: Risikofreier Zins

Im Dezember 2023 lag die Rendite zehnjähriger deutscher Staatsanleihen (AAA-Rating) bei 2,11%.

5.8.2 Der Risikoaufschlag

Vereinfachend lässt sich sagen: Je höher das Risiko einer Investition ist, umso höher ist die Renditeerwartung, die für das getragene Risiko entschädigt. Somit bedarf jede Investition, die das Risiko einer 10-jährigen Staatsanleihe bester Bonität überschreitet, einer entsprechenden Risikoprämie. Da dies bei einer Investition in ein Unternehmen stets anzunehmen ist, ist immer von einem gewissen Aufschlag auszugehen.

Häufig wird das Capital Asset Pricing Model (CAPM) zur Ermittlung des Risikoaufschlags herangezogen.

Herleitung des Risikoaufschlags mittels der CAPM-Theorie

Das Capital Asset Pricing Model sieht einen klaren Zusammenhang zwischen Risiko und Rendite.

Da Aktien als Anlageklasse in der Gesamtheit ein höheres Risiko aufweisen als 10-jährige Staatsanleihen bester Bonität, muss der Aktienmarkt dies in seiner Gesamtheit entsprechend durch eine höhere Rendite rechtfertigen. Die Vergangenheit zeigt, dass der Aktienmarkt im Durchschnitt eine Überrendite von 4,5% bis 5,5% gegenüber solchen Anleihen erwirtschaften konnte.

Diese Überrendite wird im Folgenden als **Marktrisikoprämie** bezeichnet. Sie ist durch das sogenannte systemische Risiko bedingt, welches man auch als Gesamtmarktrisiko beschreiben kann, und stellt den Risikoaufschlag des Gesamtmarkts dar. Wenn Sie also ein Marktportfolio erstellen würden, also ein Portfolio, welches den gesamten Aktienmarkt abbildet, wäre dies ungefähr die Überrendite, die Sie für die Wahl der riskanteren Anlageklasse (Aktien statt Anleihen) entschädigen würde.

Nun geht man davon aus, dass das Risiko anhand der Volatilität, also der Schwankungsanfälligkeit, einer Aktie gemessen werden kann. Wenn eine Aktie eine höhere Volatilität gegenüber Marktgeschehnissen aufweist als der Gesamtmarkt, so gilt diese als risikobehafteter. Folglich muss ihr Risikoaufschlag höher ausfallen als die Marktrisikoprämie.

Fällt die Volatilität hingegen niedriger aus, so ist die Aktie gegenüber dem Gesamtmarkt risikoärmer, was wiederum einen geringeren Risikoaufschlag rechtfertigt.

Dieses Verhältnis wird mithilfe des Betafaktors (**ß**) beschrieben. Ist ß = 1, so entsprechen die Volatilität und damit das Risiko eines Unternehmens dem des Gesamtmarkts beziehungsweise des Vergleichsindexes.

Ist ß kleiner als 1, so ist das Unternehmen weniger riskant, und bei einem Wert größer 1 übersteigt das unternehmensspezifische Risiko das des Markts.

Hieraus ergibt sich die folgende Formel für die Berechnung des Risikoaufschlags eines Unternehmens:

$$\text{Risikoaufschlag} = \text{Marktrisikoprämie} * \text{ß}$$

Der Betawert ist somit als Faktor anzusehen, der angibt, wie stark sich das unternehmensspezifische Risiko vom Marktrisiko unterscheidet.

Die Marktrisikoprämie kann vereinfachend auf ca. 5% angesetzt werden, wobei es sich hierbei theoretisch nicht um eine konstante Größe handelt. In volatilen Zeiten kann der Wert leicht nach oben korrigiert und bei geringer Volatilität leicht gesenkt werden.

Bei der Verwendung des Betafaktors zur Berechnung des Risikoaufschlags sollte darauf geachtet werden, dass das Beta sich auf einen möglichst langen Zeitraum bezieht. Idealerweise werden Zeiträume von über fünf Jahren herangezogen. Aber auch die Betrachtung kürzerer Zeiträume kann bei einer kurzfristigen Veränderung des Risikoprofils sinnvoll sein.

Da der Betafaktor nicht ganz einfach zu bestimmen ist, wird an dieser Stelle ausnahmsweise auf die Verwendung externer Quellen verwiesen. So kann dieser Faktor für die meisten Unternehmen beispielsweise von den Webseiten der *Börse Frankfurt* oder *Onvista* kostenfrei entnommen werden. Hier besteht jedoch das Problem von relativ kurzen Betrachtungszeiträumen von ca. 250 Tagen für den Betafaktor und es ist nicht immer klar, zu welchem Index die Volatilität der Aktie ins Verhältnis gesetzt worden ist. *Yahoo Finance* bietet ein 5-Jahres-Beta an, was einen sinnvollen Zeitraum darstellt.

Auch die Nutzung kostenpflichtiger Anbieter wie *Bloomberg* ist möglich. Hier werden teilweise auch längere Zeiträume und eine besser nachvollziehbare Ermittlung des Werts angeboten.

Zudem kann eine Ermittlung des Betas über einige *Tradingtools* erfolgen. Hier kann beispielsweise die kostenfreie Browseranwendung »*Visualizations*« von *TraderFox* genannt werden. Bei dieser können der Betrachtungszeitraum und der Vergleichsindex selbstständig gewählt werden.

Der Vollständigkeit halber wird die folgende Formel zur eigenständigen Errechnung des Betafaktors bereitgestellt:

$$ß = \frac{\text{cov}(\text{ra; rm})}{\text{var}(\text{rm})}$$

Demnach ergibt sich der Betafaktor aus der Kovarianz (cov) der Renditen der jeweiligen Aktie und des Markts, dividiert durch die Varianz (var) des Markts.

Die Erklärung von Varianz und Kovarianz würde an der Stelle den Rahmen dieses Buchs sprengen. Zu diesen Instrumenten der Statistik gibt es jedoch sehr gute Erklärungen im Internet.

Wer für die eigenständige klassische Berechnung des Betas historische Kursdaten benötigt, kann diese beispielsweise auf der Webseite von *Finanzen.net* finden. Für Interessierte wird eine exemplarische Berechnung in Form einer Excel-Tabelle auf der Verlagswebseite dieses Buchs hochgeladen:

www.mitp.de/0823

Vor allem aufgrund der zahlreichen Schwächen der CAPM-Theorie und der einfachen Bestimmbarkeit des Betafaktors mittels externer Quellen wird hier jedoch auf eine genauere Erklärung der eigenständigen Ermittlung des Betafaktors verzichtet.

So gilt ein vollkommener Kapitalmarkt als eine Grundannahme der CAPM-Theorie, der in der Praxis jedoch nicht gegeben ist. Auch sind Rückschlüsse aus vergangenen Daten auf die Zukunft nicht ganz unproblematisch. So können vergangene Ereignisse ohne Relevanz für die Zukunft den Aktienkurs des Zielunternehmens und damit das Beta beeinflusst haben. Solche für das Risiko irrelevante Ereignisse, wie beispielsweise Übernahmegerüchte, verfälschen somit den für unsere Risikoeinschätzung relevanten Betafaktor.

Auch spielen die Wahl des Betrachtungszeitraums, des Vergleichsindexes und der Größe der Stichprobe eine große Rolle für den Betafaktor.

Selbst die Risikoherleitung anhand von Schwankungen am Kapitalmarkt ist fraglich.

Angesichts dieser Schwächen und Fehlerquellen stellt dieses Buch eine zweite Option zur Herleitung des Betafaktors zur Verfügung.

Alternative Herleitung des Betafaktors

Das Ziel ist es, einen Risikoaufschlag zu bestimmen, der das aus Ihrer Sicht vorhandene Risiko eines Investments in ein Unternehmen abbildet.

Hierzu sollte bedacht werden, welche Arten von Risiken relevant sind. Zum einen besteht das Risiko, dass ein Unternehmen aufgrund einer zu hohen finanziellen Instabilität in eine finanzielle Schieflage geraten könnte. Die finanzielle Überlebensfähigkeit ist dabei die Grundvoraussetzung, damit in Zukunft überhaupt Cashflows anfallen können. Die Analyse der finanziellen Risiken im Rahmen der quantitativen Analyse ermöglicht Ihnen die Einschätzung genau dieser Risikokomponente.

Zum anderen bestehen operative Risiken für den Fortbestand des Unternehmens und das Eintreffen Ihrer Prognosen. Diese Risiken können durch die vorangegangene qualitative Analyse abgeschätzt werden.

Um nun einen sinnvollen Risikoaufschlag zu erhalten, muss somit eine Bewertung der einzelnen Risikotreiber erfolgen. Die quantifizierten Ergebnisse müssen dann logisch in einen alternativen Risikoaufschlag überführt werden.

Als Grundformel für unsere Berechnung behalten wir die bisherige Formel zur Errechnung des Risikoaufschlags bei und gehen von einer Marktrisikoprämie von 5% aus:

$$\text{alternativer Risikoaufschlag} = 5\% * \text{alternatives ß}$$

Nun geht es darum, den Betafaktor alternativ zu bestimmen. Dazu nehmen wir an, dass der geringste Betawert bei 0,8 liegt. Dies wäre bei einem risikoarmen Unternehmen der Fall und würde im Umkehrschluss einen minimalen Risikoaufschlag von 4% bedeuten.

Ein Wert darunter wäre auch bei sehr risikoarmen Unternehmen aufgrund des Grundrisikos von Aktien nicht zu empfehlen, auch wenn dies bei der klassischen Betaermittlung durchaus möglich ist.

Dieser Bodenwert soll vor zu optimistischen Annahmen schützen und würde auch in Niedrigzinsphasen eine noch akzeptable Mindestrenditeanforderung darstellen.

Im weiteren Verlauf werden verschiedenen Risikofaktoren bewertet und es werden bis zu 22 Sicherheitspunkte vergeben. Eine hohe Punktzahl ist dabei gleichbedeutend mit einem geringen Risiko. Jeder Punkt entspricht in unserer Berechnung einem Wert von 0,1.

Bei unserer Betrachtung ist anzumerken, dass wir von keiner linearen Risikosteigerung ausgehen, sondern von einem exponentiellen Risikozuwachs bei einer sinkenden Sicherheitspunktzahl. Aus diesen Annahmen ergibt sich die folgende Formel für unser alternatives Beta:

$$\text{alternatives ß} = 0{,}8 + 0{,}5 * (2{,}2 - \text{Punktzahl})^2$$

Der Wert von 0,8 in der Formel entspricht dem kleinstmöglichen Beta.

Der Wert von 2,2 entspricht der Maximalpunktzahl von 22 Sicherheitspunkten.

Die erreichte Punktzahl ist durch 10 zu dividieren. Ein erreichter Punkt entspricht folglich einem Wert von 0,1.

Die Zweierpotenz stellt das exponentielle Wachstum dar und der Faktor 0,5 wirkt einem zu steilen Steigungsverlauf der exponentiellen Betakurve entgegen.

Das Beta schwankt durch die Formel somit zwischen 0,8 und 3,22. Dies entspricht Risikoaufschlägen zwischen 4% und 16,1%. Dabei ist jedoch anzumerken, dass auch dieses Modell nicht vollkommen ist. Bei sehr riskanten Unternehmen kann der Risikoaufschlag in Ausnahmefällen auch über 16% liegen. Hier sollte der Aufschlag individuell angepasst werden.

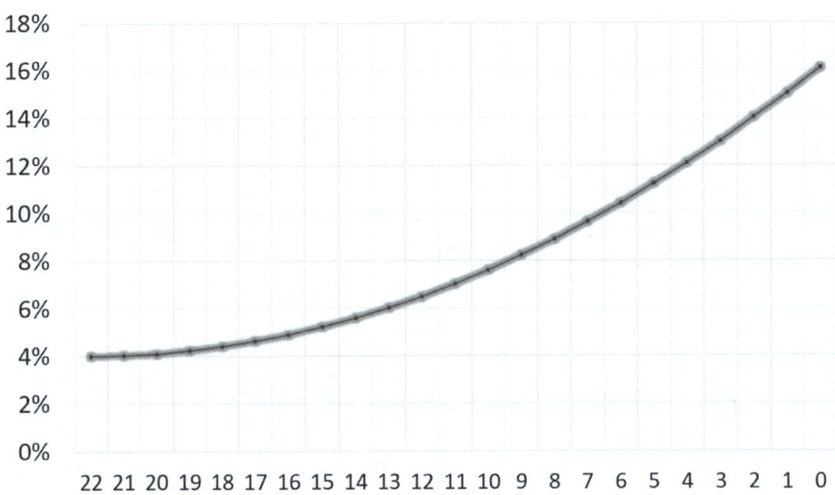

In der Grafik wird der exponentiell ansteigende Risikozuschlag bei einer sinkenden Sicherheitspunktzahl deutlich.

Die Verteilung der Sicherheitspunkte

Bei der Vergabe der Sicherheitspunkte ist anzumerken, dass eine hohe Punktzahl für eine erhöhte Sicherheit steht. Auch die Vergabe von Teilpunkten ist theoretisch möglich.

Die Vergabe der Punkte richtet sich nach der folgenden Tabelle:

Kriterien	Mögliche Punktzahl
Finanzielle Stabilität	6
Fähigkeit zur Kapitalverzinsung	4
Interne Stärken und Schwächen	5
Marktposition und externe Einflussfaktoren	5
Einschätzbarkeit und individuelle Faktoren	2

Am Ende der Punktevergabe werden alle Punkte zur finalen Sicherheitspunktzahl summiert und mittels der obigen Formel in den entsprechenden Risikoaufschlag umgerechnet.

Die finanzielle Stabilität (0–6 Punkte)

Dieses Kriterium lässt sich aus der quantitativen Analyse, insbesondere den Kennzahlen zur Einschätzung der finanziellen Risiken, ableiten. Ein Unternehmen mit einer sehr geringen und zur Ertragskraft passenden Nettoverschuldung oder einem Zahlungsmittelüberschuss, einem niedrigen Fremdkapitalanteil und allgemein stimmigen Bilanzverhältnissen würde bei diesem Kriterium die vollen 6 Punkte erhalten. Die Abstufung erfolgt in eigenem Ermessen bei einer Zunahme der finanziellen Risiken.

0 Punkte gäbe es beispielsweise, wenn einige Finanzkennzahlen im kritischen Bereich lägen und die Zinslast zunehmend ein Problem für das Unternehmen darstellen würde.

Aber auch die Kostenstruktur kann bei der Punktevergabe berücksichtigt werden. Bei einem hohen Fixkostenanteil, beispielsweise durch eine hohe Personalkostenquote, sind Unternehmen schließlich weniger flexibel im Krisenfall als bei variabel anpassbaren Kosten.

Die Fähigkeit zur Kapitalverzinsung (0–4 Punkte)

Die Fähigkeit, neues Kapital weiterhin gewinnbringend zu verzinsen, ist für das Eintreffen der Cashflow-Prognosen von besonderer Relevanz, da abfallende Kapitalrenditen für eine zunehmende Ineffizienz sprechen und das Wachstum der Cashflows negativ beeinflussen können.

Zudem ist ein Unternehmen, welches bereits bewiesen hat, dass es rentabel wirtschaften kann, deutlich sicherer als ein Unternehmen, bei welchem dies noch nicht durch positive Renditen deutlich geworden ist. Damit trägt auch eine solide Rentabilität zu einem geringeren Gesamtrisiko bei.

Der ROCE ist an dieser Stelle ein geeignetes Maß, da diese Kennzahl gezielt untersucht, wie das operativ genutzte Kapital verzinst wird. Oft ist diese Kennzahl auch ein Indikator für eine gute Marktposition.

Wenn der ROCE positiv ist, bedeutet dies, dass das Unternehmen seine Umsatzkosten decken kann, was als gut zu werten ist. Wenn der ROCE zwischen 0 und 10% liegt, kann somit ein Aufschlag von bis zu 1 Punkt gewährt werden. Bei einem ROCE zwischen 10% und 20% sind bis zu 2 Punkte gerechtfertigt und über 20% können je nach Höhe bis zu 3 Punkte gewährt werden.

Der 4. Punkt wird für die Entwicklung der Rentabilitätskennzahlen vergeben. Wenn diese über Jahre sehr konstant gewesen sind oder das Unternehmen seine Margen und damit in der Regel auch den ROCE steigern konnte, ist hier ein Aufschlag gerechtfertigt. Eine konstante Entwicklung auf einem bereits erhöhten Niveau kann beispielsweise mit einem halben Punkt gewürdigt werden und eine Steigerung mit einem ganzen Punkt.

Auch bei einer bereits sehr hohen Kapitalrentabilität ist die Vergabe dieses 4. Punkts gerechtfertigt. Die Punktevergabe zu diesem Unterabschnitt wird in der folgenden Tabelle zusammengefasst.

Rentabilitätswerte	Punktespektrum
ROCE 0–10%	0–1
ROCE 10–20%	1–2
ROCE über 20%	2–3
Konstante oder steigende Kapitalrentabilität	+ 1

Interne Stärken und Schwächen (0–5 Punkte)

Hier lassen Sie die risikominimierenden und risikosteigernden Ergebnisse Ihrer Unternehmensanalyse einfließen.

Dabei geht es darum, die Stärke eines Unternehmens abzubilden und die aus möglichen Schwächen resultierenden Risiken zu bewerten.

Um die Schwächen abzubilden, vergeben wir pauschal 2 Punkte. Im Falle von risikosteigernden Schwächen bei einem Unternehmen, wie einem schlechten Image oder einem technologischen Rückstand, werden diese 2 Punkte dann ganz oder teilweise abgezogen.

Die Stärken ergeben sich meist aus den Erfolgsfaktoren und der Festlegung auf eine klare Wettbewerbsstrategie. Dabei geht es nicht darum, pro vorhandenem Erfolgsfaktor 1 Punkt zu verteilen, sondern es soll der Burggraben als Ganzes betrachtet werden, welcher durch die Erfolgsfaktoren und die Verfolgung der Wettbewerbsstrategie entstanden ist und durch welchen das Unternehmen seine bestehende Marktposition schützen und ausbauen kann. Dieser Burggraben kann mit bis zu 3 Punkten honoriert werden.

Unterkriterien	Mögliche Punktzahl
Keine Schwächen	2
Ein starker Burggraben	3

Marktposition und externe Einflussfaktoren (0–5 Punkte)

Die Marktposition kann vor allem von Porters Fünf-Kräfte-Modell abgeleitet werden. Bei einer starken Marktposition, wie einem Oligopol oder gar einem Monopol, liegt eine erhöhte Sicherheit vor. Hier kann ein Aufschlag von bis zu 3 Punkten gewährt werden. Bei einer schwachen Marktposition werden 0 Punkte vergeben. Auch das Vorhandensein einzelner starker Konkurrenten kann hierbei berücksichtigt werden.

Auch die externen Risiken sollten eingepreist werden. Wenn keine großen externen Risiken vorhanden sind und mehr Chancen als Risiken erkannt werden, so kann hier die Vergabe von bis zu 2 Punkten gerechtfertigt sein. Hierbei sollten vor allem regulatorische Risiken und kritische Abhängigkeiten, beispielsweise von bestimmten Rohstoffen betrachtet werden.

Unterkriterien	Mögliche Punktzahl
Die Marktposition	3
Externe Risiken	2

Einschätzbarkeit und individuelle Faktoren (bis zu 2 Punkte oder Punktabzug)

Da die Einschätzbarkeit einer Branche kein direkter Risikofaktor für ein Unternehmen ist, jedoch einen Risikofaktor für unsere Annahmen darstellt, sollte dieser Aspekt auch in die Punktevergabe einfließen. Somit sollten Unternehmen in sich langsam wandelnden Branchen und mit einer guten Einschätzbarkeit eine höhere Punktzahl erhalten, da ihre Cashflows sich besser prognostizieren lassen.

Aber auch individuelle Besonderheiten wie eine besonders stabile oder schwankende Nachfrage sollten nicht unberücksichtigt bleiben.

Um derartige Besonderheiten, die durch die bisherigen Kriterien nicht erfasst worden sind, abzubilden, stehen 2 Zusatzpunkte zur Verfügung.

Hiermit sollen jedoch nicht nur risikosenkende Aspekte honoriert, sondern auch risikosteigernde Faktoren berücksichtigt werden. So können Sie für zusätzliche Risiken theoretisch auch Punktabzüge vergeben, wenn diese durch die bisherigen Kriterien nicht zur Genüge berücksichtigt werden konnten.

Ein Beispiel für einen solchen Fall wären Unternehmen in undemokratischen Ländern, bei denen Zweifel an der Richtigkeit der Jahresabschlüsse bestehen und staatliche Eingriffe einen zusätzlichen Risikofaktor darstellen. Dies wäre zwar auch durch die Bepunktung der externen Risiken zu berücksichtigen, könnte unter Umständen jedoch nicht in vollem Umfang durch die dortigen Punkte abgebildet werden.

Fazit zur alternativen Herleitung des Risikoaufschlags

Dies ist zwar eine subjektivere Herleitung des Risikoaufschlags, die gewisse Spielräume bei der Ermittlung des Betafaktors zulässt, birgt jedoch nicht die oben genannten Problem- und Fehlerquellen der CAPM-Theorie.

Und so wie das Beta bei der CAPM-Theorie je nach betrachtetem Zeitraum, der Stichprobengröße und dem herangezogenen Vergleichsindex schwankt, so ist das Beta bei der alternativen Herleitung von der standardisierten, aber subjektiven Einschätzung des Analysten und der Genauigkeit seiner Analyse abhängig. Dies kann jedoch toleriert werden, da ein Modell stets nur der Versuch sein kann, die Realität möglichst exakt nachzubilden. Zudem ist es auch legitim, eine vom Markt abweichende Risikoeinschätzung zu haben, da letztendlich nur abweichende Annahmen eine Überrendite ermöglichen.

Damit ist der optimale Risikoaufschlag schlichtweg nicht vorhanden und eine objektive und nicht fehleranfällige Bestimmungsvariante existiert nicht. Somit ist auch hier die Betrachtung verschiedener Szenarien mit verschieden hohen Aufschlägen sinnvoll.

Schlussendlich ist noch anzumerken, dass das alternative Herleiten des Risikoaufschlags beziehungsweise des Betafaktors an sich nicht der Fantasie des Autors entspringt, es sich bei dem hier dargestellten Ansatz jedoch um eine Eigenentwicklung handelt.

Beispiel: Die Diskontierungsraten von Mercedes und Fielmann

Im Folgenden sollen die Diskontierungsraten für beide Unternehmen sowohl klassisch als auch alternativ bestimmt werden. Bei der alternativen Bestimmung werden einige Ausführungen jedoch etwas verkürzt dargestellt, um den Rahmen nicht zu sprengen.

Die Rendite deutscher Staatsanleihen lag am 15.03.2024 bei **2,57%**. Dies stellt im Folgenden den risikofreien Zinssatz dar.

Als Marktrisikoprämie werden **5%** angesetzt.

Mercedes Diskontierungsrate:

Die Eigenkapitalquote liegt mit 35% im noch vertretbaren Bereich. Wenn man hingegen die Nettofinanzverschuldung betrachtet, ist diese in den vergangenen Jahren zwar kontinuierlich gesenkt worden, liegt jedoch noch immer im grenzwertigen Bereich, sowohl im Vergleich zur Ertragskraft als auch zum Eigenkapital. Da die Zinsdeckung und Liquidität jedoch gut aussehen, kein Goodwill vorhanden ist und die Tendenz zum Schuldenabbau deutlich erkennbar ist, werden hier *3 Punkte für die finanzielle Stabilität* vergeben.

Der ROCE der letzten drei Jahre schwankte um die 8%. Da dieser Wert auch im schwierigen wirtschaftlichen Umfeld gehalten werden konnte, wird hier *1 Punkt für die Kapitalverzinsung* vergeben.

Als Stärken des Unternehmens können die Größe und das gute Image gepaart mit der starken Marke genannt werden, welche das Wirtschaften im gehobenen Preissegment erlauben.

Aufgrund der Schwächen des Unternehmens im Bereich Software und den Problemen beim Übergang zur E-Mobilität können für die *Stärken und Schwächen des Unternehmens maximal 2 Punkte* vergeben werden.

Die im Beispiel zur SWOT-Analyse beschriebene schwierige Wettbewerbssituation und das strenge regulatorische Umfeld führen hier zur Vergabe von maximal *1 Punkt für die Marktposition und die externen Risiken*. Dieser Punkt kann durch die mögliche Verhinderung einer direkten Konkurrenzsituation durch eine Positionierung im Hochpreissegment und die gute Verhandlungssituation gegenüber den Lieferanten begründet werden.

Für die *Einschätzbarkeit und die individuellen Faktoren werden keine Punkte vergeben.*

Damit ergibt sich eine Gesamtpunktzahl von 7 *Sicherheitspunkten*, was einem **alternativen Betafaktor von 1,925** entspricht:

$$\text{alternativer Betafaktor} = 0{,}8 + 0{,}5 * (2{,}2 - 0{,}7)^\wedge 2 = 1{,}925$$

Dies entspricht einem **Risikoaufschlag von ca. 9,625%**:

$$\text{alternativer Risikoaufschlag} = 5 * 1{,}925 = 9{,}625\%$$

Damit liegt die **alternativ ermittelte Diskontierungsrate bei 12,195%**:

$$\text{alternative Diskontierungsrate: } 2{,}57 + 9{,}625 = 12{,}195\%$$

Auf Yahoo Finance wird für die Mercedes-Aktie ein 5-Jahres-Beta von 1,27 ausgewiesen. Mittels des Tradingtools von Traderfox konnte ein 1.500-Tage-Beta von 1,42 ermittelt werden. Wenn man von einem Mittelwert von ß = 1,35 ausgeht, ergibt dies einen Risikoaufschlag von 6,75% und damit eine Diskontierungsrate von 9,32%

Fielmanns Diskontierungsrate:

Das Unternehmen weist akzeptable bis sehr gute Kennzahlen im Hinblick auf die finanziellen Risiken auf. Die solide Finanzierung ermöglicht die Vergabe der vollen *6 Punkte für die finanzielle Stabilität.*

Der ROCE bewegt sich seit 2019 zwischen 9,8% und 21,8%, wobei das Unternehmen auch in den Krisenjahren 2020 und 2022 weiterhin profitabel wirtschaften konnte und aktuell wieder Margenanstiege verzeichnet. Für die *Kapitalverzinsung erscheinen 2 Punkte angemessen.*

Die klare Positionierung als Preisführer in Kombination mit einer sehr stabilen Nachfrage, der begrenzten Produktlebensdauer, der Kontrolle über die gesamte Produktionskette, dem starken Vertriebsnetz in den Hauptmärkten, der vergleichsweise starken Marke und der Einbindung innovativer Technologien, wie Apps zum Anprobieren von Brillen, machen die Vergabe der vollen Punktzahl, also von *5 Punkten für die internen Stärken und Schwächen,* vertretbar. Zudem bestehen durch die persönliche Beratung und den zum größten Teil stationären Verkauf über die Geschäfte eine gewisse Kundenbindung und ein Schutz gegen Konkurrenz aus dem Internet.

Auch bei den *Risikofaktoren und der Wettbewerbssituation können 5 Punkte* vergeben werden. Das Unternehmen ist auf seinen Kernmärkten sehr dominant und die Nachfrage nach Brillen ist konstant. Der demografische Wandel spielt dem Unternehmen dabei in die Karten. Zwar besteht die Gefahr disruptiver Innovationen, jedoch ist Fielmann auch hier im Bereich der Forschung und Entwicklung aktiv.

Die gute Einschätzbarkeit macht das Unternehmen sehr sicher und die Cashflows relativ gut planbar. Auch die *2 Zusatzpunkte für die Planbarkeit* wären hier theoretisch gerechtfertigt.

Damit ergeben sich in Summe **20 Sicherheitspunkte**, was nach der obigen Rechnung einem **alternativen Betafaktor von 0,82** entsprechen würde.

Hieraus ergibt sich ein **alternativer Risikoaufschlag von 4,1%** und bei einem risikofreien Zinssatz von 2,57% liegt eine **alternative Diskontierungsrate von 6,7%** vor.

Bei Yahoo Finance konnte ein Betawert von 0,57 entnommen werden, beim oben genannten Tradingtool wurde ein 1500-Tage-Beta von 0,6 bestimmt. Bei einem Betawert von 0,6 ergäbe dies einen Risikoaufschlag von 3% und damit eine Diskontierungsrate von 5,57%.

Fazit:

Wie Sie sehen können, liegt der alternativ ermittelte Betawert aufgrund der relativ konservativen Formel in beiden Fällen unter dem klassisch bestimmten Beta. Dies muss jedoch nicht bedeuten, dass dieser Wert falsch oder unlogisch ist. Wenn wir uns den Betawert von Tesla anschauen, so liegt dieser je nach Quelle zwischen 1,31 (Bestimmung mittels Tradingfox) und 2,41 (Yahoo Finance). Bei der Börse Frankfurt war ein 250-Tage-Beta von 1,49 ausgewiesen.

Folglich müsste der Risikoaufschlag bei Tesla theoretisch höher ausfallen als bei Mercedes. Wenn man jedoch beachtet, dass Tesla über eine Netto-Cash-Position verfügt und im Allgemein finanziell stabiler aufgestellt ist, eine höhere Kapitalverzinsung aufweist und durch die technologische und kostentechnische Überlegenheit deutlich konkurrenzfähiger ist, erscheint dies zumindest fraglich. Die alternative Betawertbestimmung hätte hier vermutlich einen niedrigeren Wert als bei Mercedes ermittelt.

Somit können die alternativ ermittelten Diskontierungsraten zumindest als mögliche Alternativoptionen angesehen werden. Diese werden durch die Formel zwar konservativ angesetzt, können aber auch unter den klassisch ermittelten Werten liegen.

5.9 Die ewige Wachstumsrate g bestimmen

Die ewige Wachstumsrate **g** beschreibt das Wachstum der Free Cashflows nach der Planungsperiode. Da wir hier ein Wachstum schätzen sollen, das fünf oder zehn Jahre in der Zukunft liegt und sich in die Ewigkeit fortführt, wird schnell klar, warum dies nicht ganz unproblematisch ist. Aus diesem Grund sollte diese Schätzung tendenziell eher konservativ ausfallen. Vor allem das zu hohe Ansetzen sollte hier vermieden werden.

Sollten Sie dennoch von einem hohen Wachstum über einen längeren Zeitraum ausgehen, sollten Sie gegebenenfalls die Planungsperiode weiter fassen, um das angenommene Wachstum adäquat abbilden zu können. Die Wachstumsrate g ist schließlich eine »Annahme für die Ewigkeit« und ein Wachstumsunternehmen, das heute eine steile Wachstumskurve aufweist, kann in zehn oder 15 Jahren ausgewachsen sein. Das Wachstum der letzten Jahre ist somit kein guter Indikator für das ewige Wachstum.

Hier möchte ich Ihnen einige Anhaltspunkte geben, die bei der Einschätzung der ewigen Wachstumsrate hilfreich sein können:

Die Deckelung nach oben

Die ewige Wachstumsrate g sollte stets kleiner als der Diskontierungsfaktor ausfallen. Dies sollte bei Ihrer Bewertung die absolute Obergrenze markieren.

Auch das Marktwachstum sollte bei der Festlegung der ewigen Wachstumsrate eine Obergrenze darstellen. Dies ergibt sich aus der Logik: Ein Marktteilnehmer kann nicht dauerhaft schneller als der Gesamtmarkt wachsen, da er sonst irgendwann größer als der Markt sein müsste beziehungsweise sein Marktanteil sich wie eine Asymptote immer weiter an die 100%-Marke annähern würde. Hierdurch würde der Marktteilnehmer das Marktwachstum bestimmen.

Stellen Sie sich das vor wie einen kleinen Luftballon in einem großen Luftballon. Würde der kleine Ballon sich schneller ausdehnen als der große Ballon, so würde er den großen Ballon irgendwann fast vollständig einnehmen, dessen Ausdehnung bestimmen und sich immer weiter dessen Außenwänden nähern. Für ein Unternehmen ist dies ein extrem unwahrscheinliches Szenario.

Ähnlich verhält es sich mit dem BIP-Wachstum als Obergrenze.

Empirisch kann eine Obergrenze von ca. 4% festgehalten werden. Meist liegt die ewige Wachstumsrate jedoch darunter. Dies liegt auch daran, dass bei steigenden Free Cashflows die absoluten Zuwächse immer höher ausfallen müssten, damit die Wachstumsrate aufrechterhalten werden kann. Nicht umsonst sagt man umgangssprachlich zu einigen großen Unternehmen, dass diese »too big to grow« seien.

Die Deckelung nach unten

Nach unten kann eine Deckelung nicht so einfach festgelegt werden. Wenn davon ausgegangen wird, dass nach der Planungsperiode kein Wachstum mehr vorliegt, kann die ewige Wachstumsrate mit 0 beziffert werden.

Hierbei ist anzumerken, dass Stillstand eigentlich Rückschritt bedeutet, da das Unternehmen in einem wachsenden Markt stetig unbedeutender werden würde und seine Preise nicht an die Inflation anpassen könnte.

Sollte man davon ausgehen, dass das Unternehmen in der Lage ist, seine Preise aufgrund der soliden Marktposition an die inflationsbedingte Preisentwicklung anzupassen und seine Marktanteile zu halten, so sollte das langfristige Wachstum grob an die langfristigen Inflationserwartungen und das Wachstum des Sektors angepasst werden. Bei einer guten Marktposition kann auch von einer etwas höheren ewigen Wachstumsrate ausgegangen werden. Hierbei sollte jedoch kritisch geprüft werden, ob diese Annahmen mit der Position des Unternehmens innerhalb seiner Branche und dem Wachstumspotenzial dieses Sektors in Einklang gebracht werden können.

Wenn langfristig von einem schrumpfenden Markt und einer weniger guten Marktposition ausgegangen wird, kann die ewige Wachstumsrate g in Ausnahmefällen auch negativ ausfallen. Hierbei würde also ein langfristiger Rückgang der Cashflows prognostiziert werden, was ein langfristiges Schrumpfen gegen 0 bedeuten würde. Auch mit dieser pessimistischen Annahme sollte man zurückhaltend sein.

Fazit zur ewigen Wachstumsrate

Zusammenfassend lässt sich für die praktische Anwendung also festhalten, dass die ewige Wachstumsrate von der Marktposition des Unternehmens abhängig ist und empirisch unter 4% liegt. Bei einer durchschnittlichen bis soliden Position kann diese Rate ungefähr auf Höhe der langfristigen Inflationserwartung angesetzt werden. Im EU-Raum läge diese bei ca. 2%.

In der Literatur ist auch der Verweis auf eine Korrelation zwischen der ewigen Wachstumsrate und dem risikofreien Zinssatz zu fi nden.

Da langfristig hohe Wachstumsraten sehr selten sind, sollte man sich hier vor übertriebenem Optimismus hüten und seine Erwartungen nicht auf Hoffnungen stützen, sondern auf dem, was man aus aktueller Sicht sicher sagen und argumentativ untermauern kann.

Insbesondere bei niedrigen Diskontierungsraten sollte man mit zu hohen ewigen Wachstumsraten vorsichtig sein.

Beispiel: Fielmanns ewiges Wachstum

Bedingt durch das Wachstum der Kernmärkte des Unternehmens von ca. 2,5% und der Annahme, dass sich das Wachstum der aktuellen Wachstumsmärkte langfristig verlangsamen könnte, ist ein ewiges Wachstum des Unternehmens von ca. 2,5% vertretbar.

Wenn man nun die Free Cashflows aus dem obigen Beispiel und die alternativ ermittelte Diskontierungsrate von 6,67% heranzieht, ergibt sich die folgende Bewertung:

$$\text{Barwert Planungsperiode} = \frac{13}{1 + 0{,}0667} + \cdots + \frac{296}{(1 + 0{,}0667)^8} = 1.054$$

$$\text{Terminal Value} = \frac{296 * (1 + 0{,}025)}{0{,}0667 - 0{,}025} = 7.284$$

$$\text{Barwert Terminal Value} = \frac{7.284}{(1 + 0{,}0667)^8} = 4.346$$

$$\text{Wert des Eigenkapitals} = 1.054 + 4.346 = 5.400$$

Der faire Wert des Eigenkapitals von 5.400 Mio. € entspräche bei den getroffenen Annahmen einem Wert von ca. 64,3 € je Aktie. Am 15.03.2024 lag der Aktienkurs des Unternehmens bei 42,3 €. Somit läge im Falle der Korrektheit der hier getroffenen Annahmen theoretisch eine Unterbewertung zum Bewertungszeitpunkt vor.

Jedoch muss an dieser Stelle gewarnt werden. Bereits bei einer leichten Änderung der Annahmen entspräche das Bewertungsergebnis der Marktbewertung. Wenn man beispielsweise eine ewige Wachstumsrate von 1% und einen Betafaktor von 1, was einer Diskontierungsrate von 7,57% entspräche, annehmen würde, läge der faire Wert je Aktie bereits bei 42,29 €.

Damit wird deutlich, wie wichtig eine genaue Analyse und solide Annahmen für die Bewertung sind. Die in diesem Beispiel teilweise zur Veranschaulichung vereinfachend hergeleiteten Annahmen sollten somit nicht für reale Bewertungen herangezogen werden.

5.10 Nachteile des Verfahrens

Ein zentraler Nachteil des DCF-Verfahrens ist die Fehler- und Verzerrungsanfälligkeit. Bereits geringe Veränderungen der Diskontierungsrate können schon große Abweichungen im Endergebnis verursachen.

Auch der relativ große Einfluss der ewigen Rente kann eine Problemquelle darstellen, da diese nicht immer einfach zu bestimmen ist.

Um diese Probleme etwas einzudämmen, ist es sinnvoll, in den eigenen Annahmen etwas zu variieren, um zu schauen, welche Annahmen der Markt ungefähr einpreist. Insbesondere die im Folgenden beschriebene Aufstellung von Szenarien und die Risikominimierung durch eine Sicherheitsmarge können hier nützlich sein.

5.11 Die Betrachtung verschiedener Szenarien

Wie bereits thematisiert, ist das Ergebnis der Bewertung von den getroffenen Annahmen abhängig. Da es sich hierbei um Prognosen mit einer gewissen Fehlbarkeit handelt, ist das Arbeiten mit Szenarien sinnvoll.

Dabei können beispielsweise drei Bewertungen mit leicht abgewandelten Annahmen durchgeführt werden.

Hierbei sollte die wahrscheinlichste Annahme unser Basisszenario darstellen, also den **Base Case**. Diesem Base Case sollten konservative und realistisch wahrscheinliche Schätzungen zugrunde liegen.

Neben diesem Basisszenario ist auch eine Betrachtung des **Worst Case** sinnvoll. Hierbei kann von einer schlechteren gesamtwirtschaftlichen Entwicklung ausgegangen werden, infolge derer die Free Cashflows des Unternehmens niedriger als im Base Case ausfallen. Auch die ewige Wachstumsrate kann dabei ein wenig niedriger angesetzt werden.

Die Diskontierungsrate kann hingegen leicht nach oben korrigiert werden, da im Worst Case ein höheres Risiko eingepreist werden sollte.

Dieses Szenario soll uns einen Eindruck vermitteln, wo der innere Wert des Unternehmens bei einer schlechteren Geschäftsentwicklung liegen könnte. Hierzu sollten zwar pessimistische, aber dennoch realistische Annahmen getroffen werden. Dabei geht es nicht darum, den Black Swan anzunehmen, sondern die Auswirkungen realistisch schlechter Entwicklungen abzuschätzen, um auch für diesen Fall einen fairen Wert zu ermitteln.

Black Swan

Als Black Swan werden unwahrscheinliche, unerwartete und überraschend eintretende Ereignisse mit massiven, meist negativen, wirtschaftlichen Folgen bezeichnet.

Da die Zukunft unser Basisszenario auch übertreffen kann, sollte das dritte Szenario den **Best Case** widerspiegeln. Hierbei können gegenüber dem Base Case optimistischere Annahmen getroffen werden, wobei diese sich ausdrücklich im realistisch wahrscheinlichen Rahmen bewegen sollten. Damit ist eine solide Entwicklung in einem guten wirtschaftlichen Umfeld gemeint.

Zur Wahrscheinlichkeitsverteilung beim Eintritt der jeweiligen Szenarien gibt es kein in Stein gemeißeltes Verteilungsverhältnis. Jedoch erscheint eine 60-20-20-Verteilung sinnvoll, wobei 60 Prozent auf den Base Case entfallen und jeweils 20 Prozent auf den Best Case und den Worst Case. Somit sollte der Base Case das mit Abstand wahrscheinlichste Szenario sein.

Mit den drei Szenarien können Sie den fairen Wert eines Unternehmens bei optimistischen, pessimistischen und normalen Bedingungen abschätzen. Dadurch wird das Verstehen zukünftiger Entwicklungen ermöglicht und ein gewisses Verständnis dafür geschaffen, wie der Unternehmenswert bei einer Veränderung der Gegebenheiten beeinflusst werden könnte. Durch die Szenarien erhalten Sie gleichsam ein Spektrum möglicher und begründbarer Bewertungen. Dies zeigt erneut eindrücklich, dass es den einen fairen Wert nicht gibt.

Bei der Investition in ein Unternehmen sollte dieses auch im Worst Case nach Möglichkeiten noch unterbewertet sein.

Kapitel 6

Multiplikatoren als Bewertungsindizien

Multiplikatoren setzen eine bestimmte Ertrags- oder Bilanzgröße mit der Bewertung eines Unternehmens an der Börse ins Verhältnis. Diese Bewertungskennzahlen können dadurch grob auf Unter- oder Überbewertungen hindeuten.

Solche Multiplikatoren werden von vielen Anlegern jedoch falsch verstanden und ihre Aussagekraft wird häufig überschätzt. Aus diesem Grund soll dieses Kapitel nicht nur die wichtigsten Bewertungskennzahlen vorstellen, sondern auch auf die Schwächen und Probleme solcher Multiplikatoren hinweisen. Hierdurch sollen mögliche und sinnvolle Anwendungsbereiche, aber auch ihre Grenzen aufgezeigt werden.

6.1 Was können Multiplikatoren und was nicht?

Um diese Frage zu klären, sollten Sie sich die zentralen Einflussfaktoren auf die Bewertung eines Unternehmens in Erinnerung rufen:

Als ersten Werttreiber können die Free Cashflows genannt werden, die ein Unternehmen erwirtschaftet. Diese resultieren aus einer Verzinsung des gebundenen Kapitals. Somit stellt die Ertragskraft eines Unternehmens einen Werttreiber dar.

Jedoch ist nicht nur die aktuelle Höhe der Cashflows relevant, sondern auch deren Entwicklung. Damit ist das Wachstum als zweiter Werttreiber zu nennen.

Des Weiteren spielt auch das unternehmensspezifische Risiko eine zentrale Rolle und hat einen großen Einfluss auf den Unternehmenswert.

Beim DCF-Verfahren werden all diese Variablen durch die Prognose der Free Cashflows, das Bestimmen der Diskontierungsrate und der ewigen Wachstumsrate berücksichtigt. Auch die Einflüsse von individuellen Faktoren und die Veränderungen des Zinsniveaus können dabei abgebildet werden. Mit dem DCF-Verfahren steht uns somit ein komplexes und umfassendes Bewertungsmodell zur Verfügung.

Multiplikatoren betrachten hingegen nur einen sehr begrenzen Ausschnitt der oben genannten Werttreiber, meist die Ertragskraft, und setzen diese mit der Bewertung des Unternehmens an der Börse ins Verhältnis.

Wenn wir uns den bekanntesten Multiplikator, das Kurs-Gewinn-Verhältnis (KGV), anschauen, wird lediglich der aktuelle oder erwartete Jahresüberschuss nach Abzug der Minderheitenanteile mit der Bewertung des Eigenkapitals an der Börse (Marktkapitalisierung) ins Verhältnis gesetzt.

$$\text{KGV} = \frac{\text{Marktkapitalisierung}}{\text{Jahresüberschuss}}$$

Sicherlich verstehen Sie, warum eine Ableitung des Bewertungsniveaus nur von der Ertragslage sehr fehleranfällig sein muss. Beim KGV werden Faktoren wie das Gewinnwachstum oder mögliche finanzielle Risiken vollständig ausgeblendet. So kann ein KGV von 20 bei einem stark wachsenden und finanziell stabilen Unternehmen auf eine Unterbewertung hindeuten, während der gleiche Wert bei einem finanziell instabilen und stagnierenden Unternehmen eher eine Überbewertung anzeigen würde.

Um diese Problematik zu lösen, werden Multiplikatoren häufig im Peergroup-Vergleich verwendet. Dabei werden ausgewählte Multiplikatoren bei einer gewissen Anzahl zueinander ähnlichen Unternehmen derselben Branche verglichen. Dabei soll ermittelt werden, welche Unternehmen im Branchenvergleich günstig bewertet sind.

Aber auch dieses Vorgehen birgt Gefahren. So kann eine Überbewertung der gesamten Branche vorliegen. Aber auch allein schon das Auffinden passender Vergleichsunternehmen kann ein Problem darstellen. So werden Sie beispielsweise für Tesla nur schwer eine sinnvolle Peergroup zusammenstellen können, da sich das Unternehmen stark von klassischen Automobilbauern unterscheidet. Und auch bei einer guten Peergroup gibt es meist genügend Unterschiede, die eine abweichende Bewertung rechtfertigen würden.

Somit sind klassische Multiplikatoren kein sinnvoller Ersatz für ein Bewertungsverfahren wie das DCF-Verfahren. Dies bedeutet jedoch nicht, dass sie nutzlos sind.

Zwar können sie einem die Bewertung nicht ersparen, sie sind jedoch gute Helfer beim Auffinden möglicher Fehlbewertungen. Sie sind quasi die ersten Anzeichen für das Bewertungsniveau, durch welche ein Vorfiltern ermöglicht wird. Ihr großer Vorteil ist die schnelle Anwendbarkeit und Einfachheit.

Hierbei ist anzumerken, dass es neben den klassischen Bewertungskennzahlen wie dem KGV auch einige erweiterte Multiplikatorenmethoden gibt, die zwar noch nicht als vollständige Bewertungsverfahren anzusehen sind, jedoch weitere Werttreiber einbeziehen und verwertbare Indikationen liefern. Ein solcher Ansatz wird weiter unten vorgestellt.

6.2 Klassische Bewertungskennzahlen

Die meisten Multiplikatoren arbeiten mit der Marktkapitalisierung oder dem Enterprise Value als Bezugsgröße.

Die **Marktkapitalisierung** ist, wie bereits erklärt, die Bewertung des Eigenkapitals an der Börse und wird wie folgt berechnet:

$$\text{Marktkapitalisierung} = \text{Anzahl der Aktien} * \text{Aktienkurs}$$

Bei Stamm- und Vorzugsaktien, oder A- und B-Aktien, wird diese Rechnung für beide Aktientypen separat durchgeführt und das Ergebnis wird addiert.

Der **Enterprise Value** (EV) ist der Marktwert des gesamten Unternehmens und wird wie folgt berechnet:

$$\text{EV} = \text{Marktkapitalisierung} + \text{Nettofinanzverschuldung} + \text{Minderheitenanteile}$$

Sollten größere Bestände nicht betriebsnotwendigen Vermögens vorliegen, so sollten diese vom EV abgezogen werden.

Der Enterprise Value wird somit als Bezugsgröße herangezogen, wenn eine Erfolgsgröße allen Kapitalgebern zusteht. Somit ist es sinnvoll, den Gewinn mit der Marktkapitalisierung ins Verhältnis zu setzen, während das EBIT eher mit dem Enterprise Value verglichen werden sollte. Schließlich beinhaltet das EBIT auch die Zinszahlungen, welche den Fremdkapitalgebern zustehen.

6.2.1 Das Kurs-Gewinn-Verhältnis (KGV)

Das KGV kann anhand der bereits aufgezeigten Formel oder alternativ wie folgt berechnet werden:

$$\text{KGV} = \frac{\text{Aktienkurs}}{\text{Gewinn je Aktie}}$$

Das KGV ist die wohl bekannteste Bewertungskennzahl und gibt an, nach wie vielen Jahren der Kauf einer Aktie sich bei konstanten Gewinnen theoretisch amortisieren würde. Wenn man den Kehrwert des KGV errechnet, erhält man die jährliche Rendite. Ein KGV von 8 würde somit einer Rendite von 12,5% entsprechen:

$$\frac{1}{8} = 0{,}125 = 12{,}5\%$$

Da das KGV sich bei der Betrachtung lediglich auf den Gewinn beschränkt, werden hier Faktoren wie das Wachstum völlig vernachlässigt. Somit liegt beim KGV die bereits beschriebene Problematik der klassischen Bewertungskennzahlen vor, was die Vergleichbarkeit einschränkt.

Beim KGV kommt auch noch die Schwankungsanfälligkeit hinzu. So können Gewinnrücksetzer das KGV hochschnellen und ein Unternehmen vorübergehend sehr teuer aussehen lassen. Besonders wenn der Gewinn sehr gering ausfällt, können hieraus unrealistisch hohe Werte resultieren. Wenn ein KGV über 50 liegt, sollte entsprechend geprüft werden, ob dies durch ungewöhnlich niedrige Gewinne bedingt ist.

Im Übrigen sind auch negative Werte möglich, wenn ein Unternehmen aktuell Verluste erwirtschaftet.

Da der Gewinn von Unternehmen in gewisser Weise auch von der jeweiligen Rechnungslegung abhängig ist, kann dies die Vergleichbarkeit von Unternehmen mit verschiedenen Rechnungslegungsvorschriften ein wenig einschränken.

Die Einordnung der Werte

Grob kann zwar gesagt werden, dass niedrige KGV-Werte auf eine günstige Bewertung hindeuten. Dennoch ist die Einteilung der KGV-Werte in teuer und günstig nur sehr schwer möglich und hängt stark von der jeweiligen Branche und Marktphase ab.

Häufig werden Werte unter 10 als günstig angesehen und Werte über 20 als teuer. Dies lässt sich jedoch nicht so einfach pauschalisieren und ist relativ branchenabhängig. So hat die Automobilbranche aufgrund der hohen Investitionsintensität und Konjunkturabhängigkeit traditionell ein eher niedriges KGV.

Somit kann ein klassischer Automobilhersteller mit einem KGV von 10 teuer bewertet sein, während ein stark wachsendes Technologieunternehmen mit einem KGV von 20 vielleicht günstig ist.

Durch die beschriebene Fehleranfälligkeit und die Probleme bei der Vergleichbarkeit verschiedener Unternehmen eignet sich das KGV insbesondere für eine Betrachtung im historischen Verlauf eines Unternehmens.

Im historischen Durchschnitt liegt das KGV im DAX übrigens zwischen 14 und 15.

Arten von KGV

Neben dem **klassischen KGV**, das den Gewinn des vergangenen Jahresabschlusses oder der letzten zwölf Monate heranzieht, gibt es auch das **KGVe**. Dieses setzt den Kurs mit dem erwarteten Gewinn ins Verhältnis und ist dem normalen KGV in der Regel vorzuziehen.

Das nach dem Wirtschaftsnobelpreisträger Robert James Shiller benannte **Shiller KGV** ist eine Weiterentwicklung des klassischen KGV. Dabei wird nicht der aktuelle Gewinn herangezogen, sondern der durchschnittliche und inflationsbereinigte Gewinn der vergangenen zehn Jahre. Dadurch werden die Einflüsse wirtschaftlicher Zyklen und von Sondereffekten reduziert. Durch den langen Betrachtungszeitraum ist diese Abwandlung eher für langsam wachsende Unternehmen geeignet.

Auch die **PEG-Ratio** ist eine Sonderform des KGV. Diese wird jedoch im Folgekapitel genauer beleuchtet.

Fazit zum KGV

Das KGV ist in der Regel der erste grobe Bewertungsindikator, der zu einem Unternehmen vorliegt. Wegen der aufgezeigten eingeschränkten Aussagekraft sollte diese Kennzahl aber auch genau das bleiben: ein sehr grober Indikator, über dessen Fehleranfälligkeit Sie sich im Klaren sein sollten und dessen Hinweis auf eine Unterbewertung der Anstoß für eine genauere Prüfung sein kann, nicht aber der Grund für eine Kaufentscheidung sein sollte.

6.2.2 Sinnvolle EV-Alternativen zum KGV

Man kann sowohl das EBIT als auch das EBITDA zum Enterprise Value ins Verhältnis setzen:

$$\text{EV/EBIT} = \frac{\text{EV}}{\text{EBIT}} \qquad \text{EV/EBITDA} = \frac{\text{EV}}{\text{EBITDA}}$$

Der Vorteil gegenüber dem KGV ist hierbei die Berücksichtigung der Kapitalstruktur eines Unternehmens. Somit werden Liquiditätsreserven und hohe Verschuldungsgrade im Gegensatz zum KGV nicht außer Acht gelassen.

Zeitgleich stellt die Vernachlässigung der Steuern als realen Aufwand einen Nachteil dar, der gegenüber der Berücksichtigung der Kapitalstruktur als Vorteil meist schwächer zu gewichten ist. Somit sind diese Alternativen gegenüber dem KGV vollständiger.

Bei stark abweichenden Steuersätzen kann auch das EBIT nach Steuern zur besseren Vergleichbarkeit herangezogen werden:

$$\text{Nachsteuer EBIT} = \text{EBIT} * (1 - \text{Steuerquote})$$

Nun stellt sich Ihnen sicherlich die Frage, wann das EBIT und wann das EBITDA herangezogen werden sollte. Das EBITDA kommt näher an den operativen Cashflow eines Unternehmens, was einen Vorteil darstellt. Zudem ist es weniger volatil als das EBIT. Da die Abschreibungsquoten jedoch sehr branchenabhängig sind, eignet sich das EV/EBITDA eher für brancheninterne Vergleiche, während das EV/EBIT sich auch für branchenübergreifende Vergleiche anbietet.

6.2.3 Multiplikatoren zum Cashflow

In der Theorie wären Multiplikatoren, die die Cashflows als Bezugsgröße nutzen, am vollständigsten. Das Problem hierbei ist jedoch die starke Schwankungsanfälligkeit, vor allem beim Free Cashflow. Dieser ist noch volatiler als der Gewinn und erschwert somit die Vergleichbarkeit, und zwar sowohl im historischen Verlauf als auch beim Vergleich verschiedener Unternehmen.

Die bekanntesten Kennzahlen in diesem Bereich sind das Kurs-Cashflow-Verhältnis (KCV), welches die Marktkapitalisierung zum operativen Cashflow ins Verhältnis setzt, und der EV/FCF, welcher den Enterprise Value mit dem Free Cashflow vor Zinsen vergleicht:

$$\text{KCV} = \frac{\text{Marktkapitalisierung}}{\text{operativer Cashflow}}$$

$$\text{EV/FCF} = \frac{\text{EV}}{\text{FCF} + \text{Zinsaufwand}}$$

Bei der Berechnung dieser Kennzahlen ist es sinnvoll, den Durchschnitt der Cashflows der letzten Jahre heranzuziehen, um grobe Schwankungen auszugleichen.

An dieser Stelle ist auch anzumerken, dass der EV/FCF gegenüber dem KCV zu bevorzugen ist. Zwar sind beide Kennzahlen schwankungsanfällig, jedoch berücksichtigt der EV/FCF die Kapitalstruktur und die Investitionsausgaben und stellt damit eine sehr vollständige Bewertungskennzahl dar.

Aber auch hierbei bleiben selbstverständlich das Wachstum sowie qualitative Merkmale unberücksichtigt.

Im Übrigen kann auch ein Kurs-Free-Cashflow-Verhältnis gebildet werden:

$$\text{KFCFV} = \frac{\text{Marktkapitalisierung}}{\text{FCF}}$$

Diese Kennzahl berücksichtigt zwar nicht die Kapitalstruktur, ist jedoch einfach zu errechnen und bezieht die Investitionsausgaben ein.

6.2.4 Multiplikatoren zum Umsatz

Der größte Vorteil des Umsatzes als Bezugsgröße ist die geringere Volatilität. Zudem sind Umsatzmultiplikatoren auch auf defizitäre Unternehmen anwendbar und nicht anfällig für sogenannte »Bilanzkosmetik«, da der Umsatz weniger manipulationsanfällig ist als beispielsweise der Gewinn oder der Cashflow.

Der größte Nachteil ist jedoch das Vernachlässigen der Profitabilität. Somit werden die Kosten eines Unternehmens und seine Fähigkeit, Gewinne zu erwirtschaften, vollständig ausgeblendet.

Das Kurs-Umsatz-Verhältnis (KUV) ist die bekannteste Bewertungskennzahl zum Umsatz. Sie ist sehr simpel zu berechnen:

$$\text{KUV} = \frac{\text{Marktkapitalisierung}}{\text{Umsatz}}$$

Durch den oben erwähnten Nachteil des Umsatzes als Bezugsgröße hängt das KUV somit nicht nur vom Wachstum und dem unternehmensspezifischen Risiko, sondern auch von der Rentabilität eines Unternehmens ab.

Der Umsatz kann auch mit dem Enterprise Value ins Verhältnis gesetzt werden. Dies wird in der Praxis seltener durchgeführt, ist theoretisch aber der sinnvollere Ansatz, da der Umsatz in Teilen auch den Fremdkapitalgebern zusteht und es hierdurch zu einer Berücksichtigung der Kapitalstruktur kommt.

Bei konstanten Margen ist diese Kennzahl insbesondere im zeitlichen Verlauf interessant. Aber auch bei Wachstumsunternehmen, die noch unprofitabel wirtschaften, kann das KUV ein gutes Bewertungsindiz darstellen.

Der Großteil der Unternehmen bewegt sich beim KUV in einem Bereich von ca. 1 bis 5, wobei auch hier niedrige Werte eine günstige Bewertung andeuten.

6.2.5 Das Kurs-Buchwert-Verhältnis (KBV)

Das KBV unterscheidet sich von den vorangegangenen Bewertungskennzahlen. Hierbei wird nämlich keine Einkommensgröße herangezogen, sondern es wird das Verhältnis vom bilanzierten Eigenkapital (Buchwert) nach Abzug der Minderheitenanteile zur Bewertung des Eigenkapitals an der Börse, also der Marktkapitalisierung, betrachtet:

$$\text{KBV} = \frac{\text{Marktkapitalisierung}}{\text{bilanziertes Eigenkapital}}$$

Wenn Sie sich nun fragen, wieso das Eigenkapital eines Unternehmens über dessen Buchwert notieren sollte, kann diese Frage mit einem Zitat von Aristoteles beantwortet werden: »Das Ganze ist mehr als die Summe seiner Teile.« Ein Unternehmen ist somit nicht nur die Summe seines Kapitals. Wenn es durch den effizienten operativen Einsatz des Eigenkapitals nämlich dazu fähig ist, dieses über den Eigenkapitalkosten zu verzinsen, rechtfertigt dies eine Bewertung über dem Buchwert. Schließlich geht man von einem Fortbestand des Unternehmens aus und erwartet, dass dieses weiterhin in der Lage sein wird, das Eigenkapital gewinnbringend zu verzinsen.

Dies erklärt auch die Korrelation zwischen dem KBV und der Eigenkapitalrendite, welche theoretisch als Wachstumsrate des Eigenkapitals verstanden werden kann, wenn man zumindest mögliche Kapitalmaßnahmen ausblendet.

Somit verdienen Unternehmen mit einer Eigenkapitalrendite, die die Eigenkapitalkosten übersteigt, in der Theorie entsprechend einen Aufschlag auf das KBV. Unternehmen, die nicht in der Lage sind, die Eigenkapitalkosten zu decken, erhalten im Umkehrschluss einen Abschlag.

Selbstverständlich stellt die Eigenkapitalrendite nicht der einzige Einflussfaktor auf das KBV dar. Auch das Wachstum und das Risiko des Unternehmens beeinflussen die Kennzahl.

Würde ein Unternehmen seine Eigenkapitalrendite nur durch eine Erhöhung des Fremdkapitalanteils steigern, so dürfte dies aufgrund des damit einhergehenden Risikoanstiegs in der Theorie keinen Einfluss auf das KBV haben, da Finanzierungstätigkeiten zunächst keinen direkten Wert schaffen.

Damit ist das KBV als eine Aussage des Markts zu verstehen. Ein hohes KBV sagt uns, dass der Markt von einer guten Verzinsung des Eigenkapitals ausgeht. Ein KBV von 1 entspricht einer angemessenen Verzinsung auf Höhe der Eigenkapitalkosten und Werte unter 1 stehen für eine ineffiziente Verwendung des Eigenkapitals aus Sicht des Markts, bei welcher die Eigenkapitalkosten nicht gedeckt werden.

Dabei handelt es sich nicht um eine streng lineare Korrelation. So kann das KBV bei einer Verdopplung der Eigenkapitalrendite prozentual durchaus stärker anwachsen.

Nun fragen Sie sich sicher, wieso ein Unternehmen, welches unter seinem Buchwert notiert, nicht einfach liquidiert wird. Schließlich könnte hierdurch theoretisch eine schnelle und sichere Rendite für die Aktionäre generiert werden. In der Praxis ist dies jedoch nicht unbedingt zielführend, da viele Vermögensgegenstände nur schwer verkäuflich sind und gegebenenfalls unter dem bilanzierten Wert veräußert werden müssten. Hoch spezialisierte Maschinen oder unternehmensspezifische Vorräte wie die Baukomponenten eines Automobilherstellers wären ein Beispiel hierfür. Auch können die bilanzierten Vermögenswerte schlichtweg zu teuer bilanziert gewesen sein.

Somit führt eine Unternehmensliquidation nicht zwangsläufig zum Erlös des Buchwerts. Des Weiteren liegt dies in der Regel nicht im Einflussbereich eines Privatanlegers.

6.2.6 Zwischenfazit

Solche Bewertungskennzahlen sind als schwache Indizien zu werten. Sie können bei einem groben Vorfiltern oder der ersten Werteinschätzung hilfreich sein. Mit der Zeit und der zunehmenden praktischen Anwendung entwickelt sich ein gewisses Gefühl bei der Einordnung.

Jedoch sollte man sich klarmachen, dass sich über die klassischen Multiplikatoren keine sicheren Bewertungsrückschlüsse generieren lassen. Sie können maximal auf ein günstig wirkendes Unternehmen hindeuten, welches infolgedessen qualitativ und quantitativ analysiert werden sollte. Diese tiefergehende Analyse kann dann in einer Bewertung mittels des DCF-Verfahrens münden.

6.3 Eine Erweiterung der klassischen Multiplikatoren

Sie haben im vorangegangenen Unterkapitel die Schwächen der klassischen Multiplikatoren kennengelernt. Meist lagen diese darin, dass einige wertbeeinflussende Aspekte nicht berücksichtigt worden sind. Jedoch gibt es einige Ansätze, die darauf abzielen, diese Kennzahlen zu erweitern, sodass sich hieraus verwertbare Bewertungsergebnisse ableiten lassen.

Häufig ziehen diese Erweiterungen Vergleichsgruppen heran und lassen weitere Faktoren in die Bewertung einfließen, um die Vergleichbarkeit zu erhöhen.

Alternativ gibt es auch absolute Ansätze ohne Vergleichsgruppe, die mit Multiplikatoren arbeiten. Der Vorteil dieser absoluten Multiplikatorenansätze liegt darin, dass Fehlbewertungen einer gesamten Vergleichsgruppe das Ergebnis nicht verfälschen. Dies macht solche absoluten Ansätze auch etwas simpler, da die aufwendige Aufstellung einer geeigneten Vergleichsgruppe entfällt.

Der Nachteil ist jedoch, dass branchenspezifische Besonderheiten, wie beispielsweise das für gewöhnlich niedrige KGV traditioneller Automobilhersteller, unberücksichtigt bleiben.

Sicherlich sind solche Multiplikatorenansätze im Vergleich zum DCF-Verfahren deutlich fehleranfälliger und unpräziser.

Ihr Vorteil liegt stattdessen in der einfachen und schnellen Anwendbarkeit. Sie dienen somit eher als Zwischenschritt, mit welchem man sich dem fairen Wert je Aktie relativ gut annähern kann. Damit ersetzen diese Ansätze nicht das DCF-Verfahren, sondern stellen gegenüber den klassischen Multiplikatoren ein umfassenderes Instrument zur Schnellbewertung dar. Zusätzlich können sie als Validierung der eigentlichen Bewertungsergebnisse dienen.

Wir werden uns im Folgenden auf einen absoluten Ansatz beschränken, den wir von der Graham-Formel ableiten.

6.3.1 Die Graham-Formel

Benjamin Graham entwickelte diese Formel einst zur Bewertung von Wachstumsunternehmen. Sie kann als Modifikation des KGV angesehen werden, da sie neben dem Gewinn auch das Gewinnwachstum eines Unternehmens zur Wertermittlung heranzieht:

$$\text{fairer Wert je Aktie} = \text{Gewinn je Aktie} * (8{,}5 + 2 * \text{CAGR} * 100)$$

Beim Gewinn je Aktie sollte der normalisierte Gewinn verwendet werden. Bei Sondereffekten oder sonstigen starken Abweichungen sollte dieser also auf das Normalniveau korrigiert werden.

Mit der CAGR ist das prozentuale Gewinnwachstum der nächsten sieben bis zehn Jahren gemeint. Hierbei sollten die Wachstumsannahmen aufgrund des relativ langen Betrachtungszeitraums, der ungefähr der Planungsperiode beim DCF-Verfahren entspricht, möglichst konservativ ausfallen.

Somit geht die Formel bei 0% Wachstum von einem Basis-KGV von 8,5 aus und nutzt die CAGR als Anpassungsfaktor. Der Wert in der Klammer entspricht aus Grahams Sicht somit dem wachstumsangepassten, angemessenen KGV einer Aktie.

Hierbei fällt schon die erste Besonderheit auf, nämlich die starke Gewichtung des Wachstums.

Zudem ist auch auffällig, dass das unternehmensspezifische Risiko und der aktuelle risikofreie Zins unberücksichtigt bleiben. So bewertet die Formel zwei Unternehmen mit dem gleichen Wachstum und den gleichen Gewinnen, aber einer unterschiedlichen Kapitalstruktur und Marktposition identisch. Da wir beim DCF-Verfahren jedoch den enormen Einfluss der Diskontierungsrate auf den Unternehmenswert gesehen haben, können wir diese Einflussgröße nicht einfach unbeachtet lassen.

Als dritte Problemquelle kann die Nutzung der Gewinne anstelle der Free Cashflows genannt werden, was theoretisch etwas unsauber ist. Diese Ungenauigkeit wird im Folgenden jedoch zugunsten der Einfachheit und aufgrund der Volatilität der Cashflows vernachlässigt.

Die Berücksichtigung des Zinsniveaus hat Graham übrigens nachträglich noch in die Formel implementiert:

$$\text{fairer Wert je Aktie} = \text{Gewinn je Aktie} * (8{,}5 + 2 * \text{CAGR} * 100) * \frac{4{,}4}{\text{risikofreier Zins}}$$

Somit ist Grahams Formel ursprünglich von einem risikolosen Zinssatz von 4,4% ausgegangen und wird bei Abweichungen nun angepasst.

Schnell wird jedoch klar, dass diese Adjustierung in Niedrigzinsphasen an ihre Grenzen stößt. So ergäbe sich bei einem risikofreien Zins von 0,1% ein Faktor von 44. Dies würde die Bewertung in absurde Höhen treiben.

6.3.2 Eine alternative Wertformel

Bei der folgenden, logisch hergeleiteten Anpassung wird das Grundgerüst der Graham-Formel verwendet und insofern abgewandelt, dass eine immer noch simple, jedoch umfassendere Formel zur Bestimmung des inneren Werts einer Aktie entsteht.

Das Basis-KGV als Spiegel von Zinsniveau und Risiko

Ein Zusammenhang zwischen dem KGV und dem Zinsniveau ist eindeutig feststellbar und auch logisch. Ein Anstieg des Zinsniveaus lässt den Aktienkurs und damit das KGV sinken, da die Renditeforderung der Aktionäre steigt. Diese Wechselwirkung muss durch die Wertformel berücksichtigt werden.

Jedoch ist es irrelevant, ob sich die Renditeforderung durch einen Anstieg des risikofreien Zinses erhöht oder durch ein zunehmendes Risiko. Im Umkehrschluss können sich diese Faktoren auch gegenseitig ausgleichen. Dies lässt sich anhand der Diskontierungsrate des DCF-Verfahrens erklären. Wenn der Risikoaufschlag um 1% ansteigt und der risikofreie Zins zeitgleich um 1% sinkt, bleibt die Diskontierungsrate und damit die Renditeforderung der Aktionäre folglich unverändert.

Da die Diskontierungsrate sowohl den risikolosen Zins als auch das Risiko einer Aktie berücksichtigt und zeitgleich die Renditeforderung der Aktionäre darstellt, gibt sie im Umkehrschluss an, wie hoch die Einstandsrendite bei nicht wachsenden Free Cashflows sein müsste. Dies lässt sich anhand des folgenden Beispiels veranschaulichen:

Beispiel: Die Diskontierungsrate ist (ca.) die Einstandsrendite

Stellen Sie sich ein Unternehmen mit einem Wachstum von 0% p.a. vor. Es werden jährliche, konstante Free Cashflows von 10 € angenommen. Die folgende Tabelle zeigt, wie sich der Unternehmenswert und das Verhältnis vom Free Cashflow zum Unternehmenswert in Abhängigkeit von der Diskontierungsrate **r** verändern:

r	Unternehmenswert in €	Unternehmenswert/FCF
5%	200	20
7%	142,8	14,29
9%	85,8	11,11
11%	66,5	9,09
15%	43,8	6,67

Was hier nun auffällt, ist der Zusammenhang zwischen der Diskontierungsrate und dem Verhältnis von Unternehmenswert und Free Cashflow. Dieses ergibt sich nämlich sowohl aus der Relation des Unternehmenswerts zum Free Cashflow von 10 € als auch aus dem Kehrwert der

Diskontierungsrate, wie Sie hier am Beispiel einer Diskontierungsrate von 5% sehen können:

$$\frac{1}{0{,}05} = 20 = \frac{200}{10}$$

Somit ergibt der Kehrwert der Diskontierungsrate das angemessene Kurs-Free Cashflow-Verhältnis bei einem Wachstum von 0%. Hiervon lässt sich das zins- und risikoadjustierte Basis-KGV für unsere Formel ableiten, da dies die Renditeerwartung bei der Abwesenheit von Wachstum ausdrücken soll.

Die obige Rechnung sagt also beispielsweise aus, dass eine Diskontierungsrate von 5% einem zins- und risikoadjustierten Basis-KGV von 20 entspräche.

Damit entspricht Grahams Basis-KGV von 8,5 im Umkehrschluss einer angenommenen Diskontierungsrate von ca. 11,76%:

$$\frac{1}{8{,}5} = 11{,}76\%$$

Die Bedeutung für die Anpassung der Formel

Das starre Basis-KGV von 8,5 und Grahams Anpassung an den risikofreien Zins werden verworfen.

Stattdessen wird das Basis-KGV durch einen risiko- und zinsniveauadjustierten Basiswert ersetzt. Somit liegt keine fixe Untergrenze für das neue, adjustierte Basis-KGV mehr vor. Bei einem ansteigenden Zins- und Risikoniveau sinkt der Wert mit einer abnehmenden Geschwindigkeit.

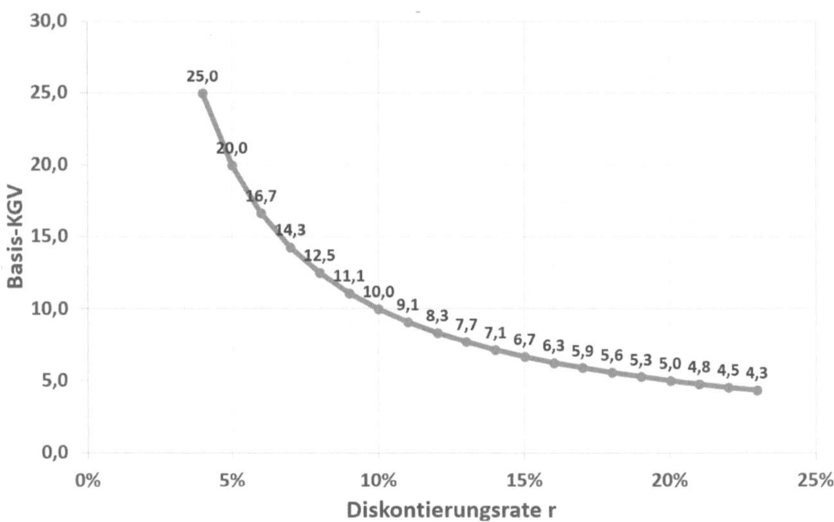

Die Grafik zeigt den Zusammenhang zwischen dem zins- und risikoadjustierten Basis-KGV und der Diskontierungsrate.

Dieses adjustierte Basis-KGV lässt sich bestimmen, indem der Kehrwert der Diskontierungsrate r ermittelt wird:

$$\text{adjustiertes Basis-KGV} = \frac{1}{r}$$

Für die Bestimmung der Diskontierungsrate kann der Betafaktor theoretisch sowohl klassisch als auch alternativ ermittelt werden. Die Entnahme des Betafaktors von den gängigen Finanzportalen bietet dabei den Vorteil der schnellen und einfachen Durchführbarkeit, was wiederum dem Grundgedanken eines Multiplikatorenansatzes entspricht.

Das Problem

Ihnen wird sicherlich aufgefallen sein, dass an dieser Stelle nicht ganz sauber gearbeitet worden ist, da das Kurs-Free Cashflow-Verhältnis zur Bestimmung des KGV-Aufschlags herangezogen wurde. Bekanntlich weichen Gewinn und Free Cashflow jedoch voneinander ab. Theoretisch wäre es an dieser Stelle also sauberer gewesen, durchgehend mit dem Free Cashflow zu arbeiten.

Zeitgleich ist die bereits erwähnte Schwankungsanfälligkeit des Free Cashflows bei einer solchen Bewertung äußerst problematisch und eine aufwendige Bereinigung stünde dem Grundgedanken eines Multiplikatorenansatzes entgegen, nämlich der simplen Anwendbarkeit.

Da die Free Cashflows und Gewinne bei sehr niedrigen Wachstumsraten über einen längeren Zeitraum häufig relativ nah beieinanderliegen, wird diese Unsauberkeit an der Stelle in Kauf genommen.

Die langfristige Annäherung der Free Cashflows an die Gewinne lässt sich dadurch erklären, dass die Abschreibungen langfristig betrachtet den Investitionen in das Anlagevermögen entsprechen müssen und das operative Working Capital bei keinem oder einem nur geringen Wachstum ebenfalls relativ konstant bleibt.

Die Berücksichtigung des Wachstums

Nun müssen wir das Wachstum in unsere Wertformel einbeziehen. Dazu müssten wir theoretisch die Einflüsse der mittelfristigen und ewigen Wachstumsrate auf den Unternehmenswert quantifizieren.

Die Problematik

Leider ergibt sich aus der korrekten Berücksichtigung aller Einflussfaktoren auf den Wachstumsaufschlag das größte Problem der Wertformel. Der enorme Einfluss des Wachstums auf den Unternehmenswert lässt sich nämlich nicht so einfach abbilden wie der risikolose Zins oder das Unternehmensrisiko. Dies liegt daran, dass das Wachstum in der Regel nicht für immer konstant ist und der Wachstumsaufschlag auch von der Diskontierungsrate beeinflusst wird. Wir müssen somit theoretisch sowohl das mittelfristige und ewige Wachstum als auch die Wechselwirkungen dieser Komponenten mit der Diskontierungsrate berücksichtigen. Ein Modell, das all diese Faktoren angemessen einbezieht, wäre jedoch derart komplex, dass es der Grundidee einer simplen Formel zur Werteinschätzung diametral entgegenstünde.

Wachstum	r=5%	r=6%	r=7%	r=8%	r=9%	r=10%	r=12%	r=15%	r=20%
0%	0,0	0,0	0,0	0,0	0,0	0,0	0,0	0,0	0,0
1%	1,5	1,2	1,0	0,8	0,7	0,6	0,5	0,3	0,2
2%	3,1	2,4	2,0	1,7	1,4	1,2	0,9	0,7	0,4
3%	4,8	3,8	3,1	2,6	2,2	1,9	1,5	1,0	0,7
4%	6,6	5,3	4,3	3,6	3,1	2,6	2,0	1,4	0,9
5%	8,6	6,8	5,6	4,7	4,0	3,4	2,6	1,9	1,2
6%	10,7	8,5	6,9	5,8	4,9	4,3	3,3	2,3	1,4
7%	13,0	10,3	8,4	7,0	6,0	5,1	3,9	2,8	1,7
8%	15,4	12,2	10,0	8,3	7,1	6,1	4,7	3,3	2,0
9%	18,0	14,3	11,7	9,7	8,3	7,1	5,4	3,8	2,4
10%	20,8	16,5	13,5	11,2	9,5	8,2	6,2	4,4	2,7
11%	23,8	18,9	15,4	12,8	10,9	9,3	7,1	5,0	3,1
12%	27,0	21,4	17,4	14,5	12,3	10,6	8,0	5,6	3,5
13%	30,4	24,1	19,6	16,3	13,8	11,9	9,0	6,3	3,9
14%	34,1	27,0	22,0	18,3	15,5	13,3	10,1	7,1	4,3
15%	38,0	30,1	24,5	20,4	17,2	14,8	11,2	7,8	4,8
16%	42,2	33,4	27,1	22,6	19,1	16,3	12,4	8,6	5,3
17%	46,7	36,9	30,0	24,9	21,1	18,0	13,6	9,5	5,8
18%	51,5	40,6	33,0	27,4	23,2	19,8	15,0	10,4	6,3
19%	56,6	44,6	36,3	30,1	25,4	21,7	16,4	11,4	6,9
20%	62,0	48,9	39,7	32,9	27,8	23,8	17,9	12,4	7,5

Die Tabelle zeigt die theoretischen Wachstumsaufschläge in Abhängigkeit von der Diskontierungsrate r bei einer *ewigen Wachstumsrate von 0%.*

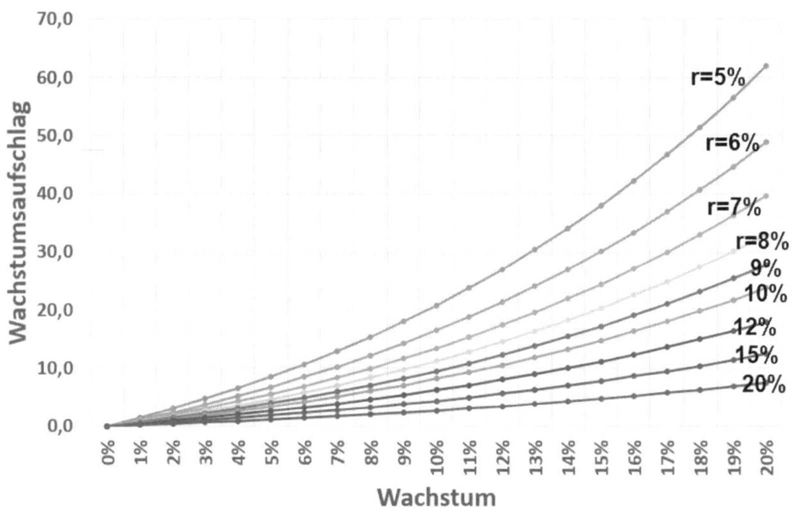

Visualisierung des Wachstumsaufschlags bei einer ***ewigen Wachstumsrate von 0%.***

Wachstum	r=5%	r=6%	r=7%	r=8%	r=9%	r=10%	r=12%	r=15%	r=20%
0%	0,0	0,0	0,0	0,0	0,0	0,0	0,0	0,0	0,0
1%	5,0	3,3	2,4	1,8	1,4	1,1	0,8	0,5	0,3
2%	13,3	8,3	5,7	4,2	3,2	2,5	1,7	1,0	0,6
3%	16,0	10,2	7,2	5,3	4,1	3,3	2,3	1,4	0,8
4%	18,8	12,3	8,7	6,6	5,1	4,2	2,9	1,9	1,1
5%	21,9	14,5	10,4	7,9	6,2	5,1	3,6	2,3	1,3
6%	25,2	16,8	12,2	9,3	7,4	6,0	4,3	2,8	1,6
7%	28,8	19,4	14,1	10,9	8,7	7,1	5,0	3,3	1,9
8%	32,6	22,1	16,2	12,5	10,0	8,2	5,9	3,9	2,3
9%	36,7	25,0	18,4	14,3	11,4	9,4	6,7	4,5	2,6
10%	41,1	28,1	20,8	16,1	13,0	10,7	7,7	5,1	3,0
11%	45,8	31,5	23,3	18,1	14,6	12,0	8,6	5,7	3,4
12%	50,8	35,1	26,0	20,3	16,4	13,5	9,7	6,5	3,8
13%	56,3	38,9	29,0	22,6	18,2	15,1	10,8	7,2	4,2
14%	62,1	43,0	32,1	25,1	20,2	16,7	12,0	8,0	4,7
15%		47,4	35,4	27,7	22,4	18,5	13,3	8,9	5,2
16%		52,1	39,0	30,5	24,6	20,4	14,7	9,8	5,7
17%		57,1	42,8	33,5	27,1	22,4	16,1	10,7	6,2
18%			46,8	36,7	29,6	24,5	17,7	11,7	6,8
19%			51,1	40,1	32,4	26,8	19,3	12,8	7,4
20%			55,7	43,7	35,3	29,2	21,0	14,0	8,1

Die Tabelle zeigt die theoretischen Wachstumsaufschläge in Abhängigkeit von der Diskontierungsrate r bei einer *ewigen Wachstumsrate von 2%.*

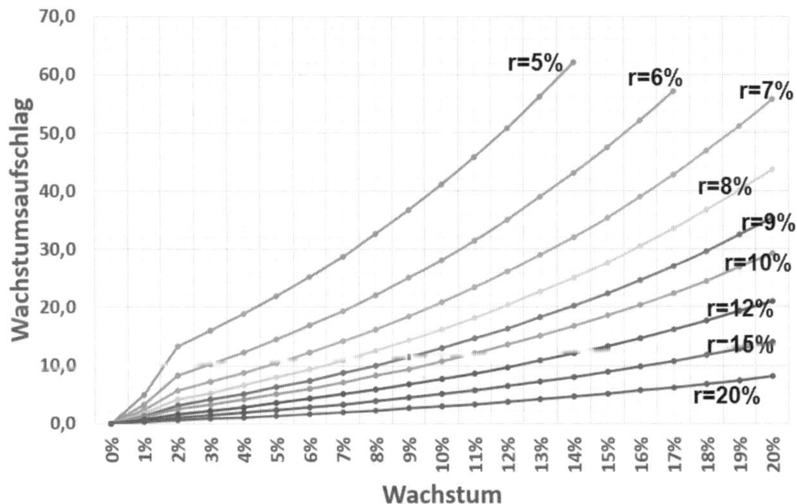

Die Grafik visualisiert den Wachstumsaufschlag bei einer *ewigen Wachstumsrate von 2%.* Der steile Anstieg zu Beginn lässt sich dadurch erklären, dass die ewige Wachstumsrate nicht über den mittelfristigen Wachstumsraten liegen sollte und entsprechend bei einem mittelfristig geringeren Wachstum nach unten korrigiert werden muss.

Den zugehörigen Grafiken können Sie die theoretischen Wachstumsaufschläge in Abhängigkeit von dem Diskontierungsfaktor und der ewigen Wachstumsrate entnehmen. Die Werte wurden mittels eines DCF-Modells berechnet, wobei die ewige Wachstumsrate bei der Berechnung nach einer 9-jährigen Planungsperiode anfiel. Zudem wurde während der Planungsperiode ein konstantes Wachstum angenommen.

Die grafischen Darstellungen veranschaulichen eindrucksvoll die enorme Abhängigkeit des Wachstumsaufschlags vom Diskontierungsfaktor. Das Wachstum wird durch hohe Diskontierungsraten förmlich entwertet. Dies zeigt uns eindrücklich, dass riskantes Wachstum weniger wert ist als sicheres Wachstum. Eine hohe Diskontierungsrate bremst ein starkes Wachstum in der Wertschöpfung sozusagen aus. Da Wachstumsunternehmen häufig risikobehafteter sind und somit auch höhere Diskontierungsraten aufweisen, werden die höchsten Aufschläge der Tabelle im unteren linken Bereich folglich selten vergeben.

Wenn man die Differenz der Wachstumsaufschläge zwischen den beiden Tabellen vergleicht, wird auch der signifikante Einfluss der ewigen Wachstumsrate deutlich.

Zeitgleich sehen wir, dass sich die Höhe des Aufschlags in Relation zur mittelfristigen Wachstumsrate exponentiell verhält. Dies steht Grahams Annahme eines linearen Anstiegs des Risikoaufschlags entgegen.

Auch verdeutlicht dies, wie vorsichtig man mit der Annahme einer hohen Wachstumsrate sein sollte. Das Wachstum eines Unternehmens kann schnell abflachen und kurzfristig hohe Wachstumsraten von beispielsweise über 30%, die möglicherweise durch einen konjunkturellen Aufschwung getrieben worden sind, können nur in den seltensten Fällen über einen Zeitraum von acht bis zehn Jahren gehalten werden. Häufig tappen Anleger in die Falle anzunehmen, dass solch exorbitante Wachstumsraten von dauerhafter Natur sein müssten.

Aus diesem Grund sind derartige Werte eher in Ausnahmen zu prognostizieren.

Vereinfachende Annahmen für einen adäquaten Wachstumsaufschlag

Nun muss ein adäquater Kompromiss zwischen Genauigkeit und Einfachheit gefunden werden, da die exakte Berücksichtigung aller Wechselwirkungen in einer simplen Formel nicht zielführend wäre. Sicherlich könnte man den Wachstumsaufschlag auch aus den obigen Tabellen oder Diagrammen ablesen, jedoch ist es das Ziel der Formel, ohne weitere Hilfsmittel aus dem Unternehmensrisiko und einer Wachstumsprognose einen angemessenen Gewinnmultiplikator abzuleiten. Dafür müssen einige vereinfachende Annahmen getroffen werden:

1. Annahme: Die mittelfristige Wachstumsrate

Bei den mittelfristigen Wachstumsraten sollte die Marke von 20% nicht überschritten werden, da die Abweichungen der im Folgenden erklärten Formel zu groß werden würden. Bei so hohen Wachstumsschätzungen wäre gegebenenfalls zu prüfen, ob diese über einen Zeitraum von acht bis zehn Jahren realistisch sind.

Eine Wachstumsobergrenze von 20% verhindert zudem überoptimistische Schätzungen. Zeitgleich dürfte der Anteil hierdurch ausgeschlossener Unternehmen marginal sein.

Die mittelfristige Wachstumsrate bezieht sich auf einen Zeitraum von ca. neun Jahren.

2. Annahme: Der Wachstumsaufschlag erfolgt linear

Wachstum	5%	5%	7%	7%	10%	10%	15%	15%
0%	0,0	0,0	0,0	0,0	0,0	0,0	0,0	0,0
1%	1,5	2,0	1,0	1,4	0,7	1,0	0,5	0,7
2%	3,1	4,0	2,0	2,9	1,4	2,0	0,9	1,3
3%	4,8	6,0	3,1	4,3	2,2	3,0	1,5	2,0
4%	6,6	8,0	4,3	5,7	3,1	4,0	2,0	2,7
5%	8,6	10,0	5,6	7,1	4,0	5,0	2,6	3,3
6%	10,7	12,0	6,9	8,6	4,9	6,0	3,3	4,0
7%	13,0	14,0	8,4	10,0	6,0	7,0	3,9	4,7
8%	15,4	16,0	10,0	11,4	7,1	8,0	4,7	5,3
9%	18,0	18,0	11,7	12,9	8,3	9,0	5,4	6,0
10%	20,8	20,0	13,5	14,3	9,5	10,0	6,2	6,7
11%	23,8	22,0	15,4	15,7	10,9	11,0	7,1	7,3
12%	27,0	24,0	17,4	17,1	12,3	12,0	8,0	8,0
13%	30,4	26,0	19,6	18,6	13,8	13,0	9,0	8,7
14%	34,1	28,0	22,0	20,0	15,5	14,0	10,1	9,3
15%	38,0	30,0	24,5	21,4	17,2	15,0	11,2	10,0
16%	42,2	32,0	27,1	22,9	19,1	16,0	12,4	10,7
17%	46,7	34,0	30,0	24,3	21,1	17,0	13,6	11,3
18%	51,5	36,0	33,0	25,7	23,2	18,0	15,0	12,0
19%	56,6	38,0	36,3	27,1	25,4	19,0	16,4	12,7
20%	62,0	40,0	39,7	28,6	27,8	20,0	17,9	13,3

Die Tabelle vergleicht die Wachstumsaufschläge ausgewählter Diskontierungsraten. Hierbei wurde der linke Wert jeweils mittels eines DCF-Rechners ermittelt, während der rechte Wert mittels der Wertformel errechnet wurde. Die Werte wurden bei einer ewigen Wachstumsrate von 0% berechnet.

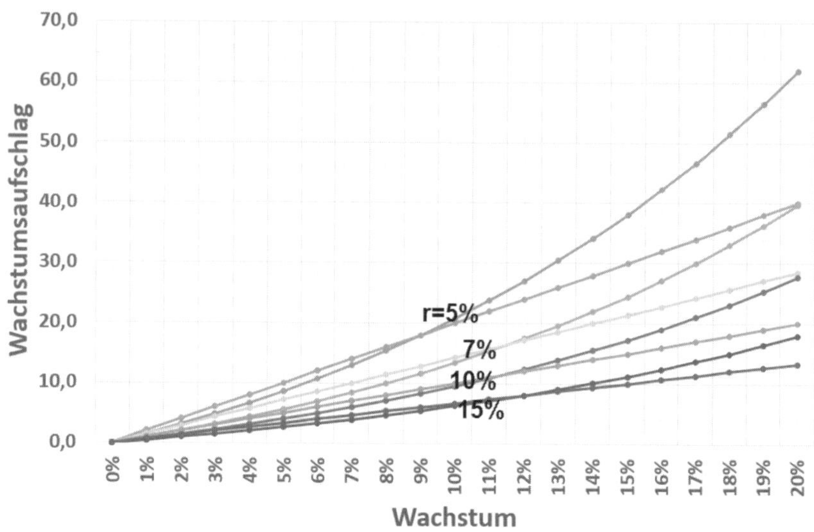

Anhand der visuellen Darstellung lässt sich erkennen, wie nah die mittels DCF-Verfahren und durch die Wertformel ermittelten Wachstumsaufschläge bei Wachstumsraten von unter 15% beisammenliegen. Je geringer die Diskontierungsrate ausfällt, umso größer ist die Diskrepanz bei zunehmendem Wachstum.

Sie haben zwar gesehen, dass der Aufschlag theoretisch exponentiell ausfallen müsste. Da durch starkes Wachstum anfallende Cashflows einem höheren Risiko unterliegen als bereits vorhandene Cashflows und die Schätzung hoher Wachstumswerte tendenziell fehleranfällig ist, wird die Vergabe des Wachstumsaufschlags in der Wertformel anhand einer linearen Funktion erfolgen. Dies soll beschönigenden Fehleinschätzungen entgegenwirken.

Wie Sie der zugehörigen Grafik entnehmen können, liegen die Werte jedoch relativ nah beieinander. Die Formel des mittelfristigen Wachstumsaufschlags lautet somit:

$$\text{Wachstumsaufschlag} = \frac{1}{r} * \text{CAGR} * 10$$

Die Diskontierungsrate **r** und die Wachstumsrate **CAGR** sind hierbei als Dezimalzahl zu schreiben, also beispielsweise 0,05 für 5%.

Beispiel: Vergleich des Wachstumsaufschlags mit Grahams Formel

Wenn wir den mittelfristigen Wachstumsaufschlag unserer Wertformel mit Grahams Wachstumsaufschlag vergleichen, dann fällt auf, dass dieser Aufschlag bei einer Diskontierungsrate von 5% identisch ausfällt.

$$\frac{1}{0{,}05} * \text{CAGR} * 10 = 2 * \text{CAGR} * 100$$

Bei einem mittelfristigen Wachstum von 10% läge der Aufschlag beider Formeln beispielsweise bei 20. Während der Aufschlag sich bei der Wertformel im Falle einer Verdopplung der Diskontierungsrate jedoch halbieren würde, bleibt dieser bei Grahams Formel konstant.

3. Annahme: Die ewige Wachstumsrate

Bei der Bestimmung der Formel ist es nur schwer möglich, die ewige Wachstumsrate korrekt einzupreisen. Da stets möglichst konservative Annahmen zu treffen sind, ist die Basisannahme der obigen Formel für den Wachstumsaufschlag eine ewige Wachstumsrate von 0%, wodurch das Abschätzen dieser zusätzlichen Variable entfällt.

4. Annahme: Die Ableitung des Gewinnwachstumsaufschlags vom Free Cashflow

Auch hier wird Ihnen sicherlich nicht entgangen sein, dass der Wachstumsaufschlag vom Free Cashflow abgeleitet worden ist, obwohl im Nachgang der Gewinn mit diesem multipliziert wird. Auch an dieser Stelle wird die einfache Anwendbarkeit über die Genauigkeit gestellt. Jedoch ist anzumerken, dass dieser Fehler durch die Annahme einer ewigen Wachstumsrate von 0% relativ gut kompensiert wird.

Die finale Wertformel

Nun können die einzelnen Komponenten unserer Wertformel zusammengefügt werden:

$$\text{fairer Wert je Aktie} = \text{Gewinn je Aktie} * (\text{adjustiertes Basis-KGV} + \text{Wachstumsaufschlag})$$

Ausgeschrieben sieht die Formel dann wie folgt aus:

$$\text{fairer Wert je Aktie} = \text{Gewinn je Aktie} * \left(\frac{1}{r} + (\frac{1}{r} * 10 * \text{CAGR})\right)$$

Der Term $\left(\frac{1}{r} + \frac{1}{r} * 10 * \text{CAGR}\right)$ steht dabei für den angemessenen Gewinnmultiplikator, also das aus unserer Sicht angemessene KGV des Unternehmens.

Bei dem Gewinn je Aktie ist es wichtig, den *normalisierten Gewinn* nach Anteilen Dritter heranzuziehen. Starke Abweichungen vom Normalniveau nicht dauerhafter Natur sollten für die Berechnung auf das Normalniveau korrigiert werden.

6.3.3 Anwendungsbereich und praktische Anwendung

Bei Unternehmen mit stark schwankenden Gewinnen und sehr hohen Investitionsbedürfnissen ist die Formel weniger genau als bei Unternehmen mit konstanten Gewinnen und einem geringen Abstand zwischen den Gewinnen und den Free Cashflows.

Insbesondere bei Wachstumsunternehmen weichen Free Cashflow und Gewinn stärker voneinander ab, da mehr investiert werden muss und auch das operative Working Capital mit dem Umsatz wächst. Um diesem Umstand entgegenzuwirken, preist die Wertformel hohe Wachstumsraten eher konservativ ein (linear statt exponentiell) und setzt die ewige Wachstumsrate auf 0.

Dennoch kann dies unter Umständen nicht ausreichend sein, um die Diskrepanz von Gewinn und Free Cashflow adäquat zu kompensieren. Da im Zweifel stets lieber auf zu konservative als auf zu optimistische Annahmen zurückgegriffen werden sollte, kann bei der Wertformel auch der zu erwartende normalisierte Free Cashflow je Aktie des nächsten Jahrs anstelle des Gewinns herangezogen werden.

Dies macht die Bewertung zwar ein wenig aufwendiger, dafür jedoch defensiver. Zur besseren Vergleichbarkeit der Bewertungsergebnisse sollte man optimalerweise stets einheitlich vorgehen.

Wenn ein Unternehmen exorbitante Wachstumsraten aufweist und noch unprofitabel wirtschaftet, ist die Formel nicht zielführend. Verluste würden schließlich zu einem negativen Wert je Aktie als Ergebnis führen. Ähnliche mathematische Probleme resultieren aus Gewinnen um den Nullpunkt.

Das Bewerten von Unternehmen mit sehr hohen Wachstumsraten ist besonders bei niedrigen Diskontierungsraten ungenau.

Beispiel: Praxistest anhand von LVHM und Coca-Cola

Da große Unternehmen im Fokus vieler Analysten stehen, kann man davon ausgehen, dass die Preisfindung bei diesen in normalen Marktphasen effizienter funktioniert, was Fehlbewertungen unwahrscheinlicher macht als bei kleinen Unternehmen. Vor diesem Kontext wird die Wertformel an zwei großen Unternehmen getestet: LVMH und Coca-Cola.

Vorab ist anzumerken, dass das folgende Beispiel keinen wissenschaftlichen Beweis für das Funktionieren der Wertformel darstellen soll, sondern eher zur Veranschaulichung dient. Auch sind die folgenden Wachstumsannahmen eher als grobe Schätzungen zu verstehen und wurden an die Bewertung der Unternehmen angepasst, um mögliche Marktannahmen abzubilden.

Im Februar 2024 wiesen 10-jährige Staatsanleihen bester Bonität einen Zinssatz von ca. 2,2% auf. Des Weiteren gehen wir von einer Marktrisikoprämie von 5% aus. Die Betafaktoren für die Unternehmen wurden der Webseite Yahoo Finance entnommen und beziehen sich auf einen Zeitraum von fünf Jahren bei einer monatlichen Erhebung der Werte.

Bei dem Gewinn je Aktie wurde das verwässerte Ergebnis des Geschäftsjahrs 2023 herangezogen.

	LVMH	**Coca-Cola**
Betafaktor:	1	0,59
Diskontierungsrate:	7,2%	5,15%
Prognose CAGR (9 Jahre):	10%	2%
Gewinn je Aktie:	30,33 €	2,47 US$
Aktienkurs 22.02.24:	836 €	60,6 US$

Nun kann anhand der gegebenen Werte eine Schnellbewertung der Unternehmen erfolgen:

$$\text{LVMH} = 30{,}33 * \left(\frac{1}{0{,}072} + \frac{1}{0{,}072} * 10 * 0{,}1\right) = 842{,}5\ €$$

$$\text{Coca-Cola} = 2{,}47 * \left(\frac{1}{0{,}0515} + \frac{1}{0{,}0515} * 10 * 0{,}02\right) = 57{,}6\ \text{US\$}$$

Wie Sie sehen, liegen die Ergebnisse unserer Schnellbewertung und die Aktienkurse der Unternehmen relativ nah beieinander, was bei korrekten Annahmen für eine relativ faire Bewertung sprechen würde.

Wenn wir unsere Ergebnisse mittels des DCF-Verfahrens validieren und dabei die Gewinne anstelle der Cashflows heranziehen, so ergibt sich für Coca-Cola ein fairer Aktienkurs von ca. 55,3 US$ und für LVMH von ca. 814,2 €.

Damit sehen Sie, dass Sie mit einer relativ schnell bestimmbaren Diskontierungsrate, einer Wachstumsschätzung und den aktuellen Gewinnen je Aktie auf einen plausiblen Wert kommen können, wobei die Diskrepanz bei LVMH zwischen den Ergebnissen der Wertformel und der DCF-Überprüfung verdeutlicht, dass die Wertformel nur eine Annäherung ist.

Auch sollten Sie bedenken, dass die Abweichungen bei gewissen Konstellationen und Besonderheiten zudem höher ausfallen können. Damit soll diese grobe Überprüfung die Fähigkeiten der Wertformel nicht beschönigen, sondern auch die reale Gefahr von Bewertungsspielräumen und Fehleinschätzungen betonen und auf die Notwendigkeit der Überprüfung durch eine sorgfältige Bewertung hinweisen.

Auch ist nochmals anzumerken, dass es sich hierbei um keine umfänglichen Bewertungen handelt, zumal die ewigen Wachstumsraten bei der DCF-Überprüfung auf 0 gesetzt und die Gewinne anstelle der Free Cashflows verwendet wurden. Eine korrekte Berücksichtigung dieser Faktoren würde zu anderen Ergebnissen führen.

6.4 Fazit zur Bewertung mittels Multiplikatoren

Multiplikatorenansätze beruhen auf Vergleichen, logischen Herleitungen oder empirischen Feststellungen. Ihr Ziel ist es, eine simple Kurzbewertung zu ermöglichen. Je mehr Einflussfaktoren in die Betrachtung miteinbezogen werden, umso genauer wird das Ergebnis bei einem zeitgleichen Anstieg der Komplexität und des Aufwands.

Eine wirkliche Alternative zu einem geschlossenen und logischen Bewertungsverfahren, wie dem DCF-Verfahren, sind diese Methoden nicht und sie können dieses Verfahren niemals vollständig ersetzen. Ihr Nutzen ergibt sich aus ihrer schnellen Durchführbarkeit. Sie können bei der Suche nach einem lohnenden Investment unterstützen und in kurzer Zeit den Wert einer Vielzahl von Bewertungskandidaten grob abschätzen. Auf dieser Grundlage kann danach entschieden werden, ob sich eine detaillierte Bewertung lohnt.

Kapitel 7
Wachstumsunternehmen

In den vorangegangenen Kapiteln wurde bereits auf die Schwierigkeiten bei der Prognose zukünftiger Wachstumsraten hingewiesen. Da Unternehmen mit einem sehr hohen Wachstum bei der Analyse einige Besonderheiten aufweisen, sollen diese nun etwas vertiefend behandelt werden.

Dafür werden im Folgenden die Besonderheiten bei der qualitativen Analyse angesprochen, zwei Kennzahlen für Wachstumsunternehmen vorgestellt und eine Möglichkeit zum Schätzen des Wachstumspotenzials aufgezeigt.

7.1 Die Einteilung

Wie bereits im ersten Kapitel angemerkt, gibt es sogenannte Value-Unternehmen, die über einen hohen Substanzwert verfügen, ein erprobtes Geschäftsmodell aufweisen und stabile Cashflows generieren.

Growth-Unternehmen weisen hingegen vor allem ein hohes Umsatzwachstum auf. Ihre hauptsächlichen Werttreiber sind somit ihr Wachstum und die Erwartung zukünftig hoher Cashflows. Diese Erwartung geht folglich mit einem gewissen Risiko einher.

Die Grenzen zwischen den soeben genannten Kategorien sind dabei fließend.

Wachstumsunternehmen können theoretisch weiter aufgegliedert werden in noch unprofitable und bereits profitable Wachstumsunternehmen.

7.2 Fokus auf das Geschäftsmodell

Da unprofitable Wachstumsunternehmen gegebenenfalls noch nicht unter Beweis stellen konnten, dass sie dazu in der Lage sind, profitabel zu wirtschaften, sollte der Fokus bei der Analyse auf dem Geschäftsmodell und den Wettbewerbsvorteilen des Unternehmens liegen. Die fehlenden Ergebnisse aus der quantitativen Analyse aufgrund der mangelhaften Ertragslage müssen an der Stelle durch ein genaues Verständnis des Geschäftsmodells kompensiert werden.

Dabei sollte verstanden werden, welche Wachstumsziele das Unternehmen verfolgt und wie und wann es profitabel werden möchte oder werden könnte. Einige Unternehmen kommunizieren ihre Zeitpläne diesbezüglich, während andere hierzu weniger Angaben machen oder dies schlichtweg noch unklar ist, was eine Bewertung wiederum erschwert. In solchen Fällen empfiehlt es sich, auf besonders defensive Annahmen zu setzen.

Auch kann geprüft werden, ob Unternehmen mit vergleichbaren Geschäftsmodellen den Sprung in die Profitabilität bereits vollziehen konnten und mit welchen Margen.

7.3 Besonderheiten bei der quantitativen Analyse

Wie Sie sich sicherlich denken können, sind Kennzahlen, die sich auf die Ertragsgrößen eines Unternehmens beziehen, bei Wachstumsunternehmen nicht immer anwendbar. Dies bezieht sich nicht nur auf die Rentabilitätskennzahlen, sondern auch auf einige Stabilitätskennzahlen.

So kann die Nettoverschuldung nur schwer mit der Ertragskraft in Relation gesetzt werden, wenn das Unternehmen noch keine positiven Erträge erwirtschaftet. Beispielsweise ist der Zinsdeckungsgrad bei einem negativen EBIT nicht aussagekräftig.

Dies bedeutet jedoch nicht, dass auf die quantitative Analyse bei einem unprofitablen Wachstumsunternehmen vollständig verzichtet werden sollte. So können einige Bilanzkennzahlen dennoch wichtige Auskünfte über finanzielle Risiken liefern. Aber auch die im Folgenden vorgestellten Cash-Burn-Rate kann ein guter Indikator hierfür sein.

7.3.1 Die Cash-Burn-Rate

Mit der Cash-Burn-Rate (CBR) steht uns eine Kennzahl speziell zur Risikoeinschätzung unprofitabler Wachstumsunternehmen zur Verfügung. Sie beschreibt den Zeitraum, in dem ein Unternehmen bei konstant anhaltenden negativen operativen Cashflows seine liquiden Mittel aufgebraucht beziehungsweise bei anhaltenden Verlusten sein Eigenkapital aufgezehrt haben wird. Somit gibt es zwei gängige Varianten der CBR, wobei eine das Eigenkapital und die andere die liquiden Mittel betrachtet:

$$\text{CBR(LM)} = \frac{\text{liquide Mittel}}{\text{operativer Cashflow}}$$

$$CBR(EK) = \frac{\text{bilanziertes Eigenkapital}}{\text{Jahresverlust}}$$

Das Ergebnis beider Formeln ist dabei als eine Anzahl von Jahren zu verstehen.

Bei der Berechnung ist es durchaus sinnvoll, die aktuellsten Angaben heranzuziehen, beim Verlust und beim operativen Cashflow ist auch das Arbeiten mit Prognosen für die Folgeperiode empfehlenswert.

Die Kennzahl soll anzeigen, bis wann ein Unternehmen spätestens den Break-even erreicht haben sollte. Somit sind niedrige Werte als kritisch einzuordnen.

Wenn das Eigenkapital eines Unternehmens für weniger als zwei Jahre ausreicht, ist dies als Warnsignal zu verstehen. In dem Fall sollte kritisch geprüft werden, ob das Unternehmen kurzfristig dazu in der Lage sein wird, profitabel zu wirtschaften. Andernfalls droht die Überschuldung, was wiederum Kapitalerhöhungen notwendig macht.

Auch die liquiden Mittel sollten zumindest für ein Jahr ausreichen.

Die oben genannten zwei Jahre sollten jedoch nicht als einzige Untergrenze interpretiert werden. Bei der CBR ist es wichtig, diese mit den zukünftigen Erwartungen und dem prognostizierten Break-even abzugleichen. Der Zeitraum bis zum Break-even sollte geringer ausfallen als die CBR, sodass dieser Zeitpunkt vor dem vollständigen Aufbrauchen des Eigenkapitals erreicht werden kann.

Sollten die Verluste in den nächsten Jahren sinken, würde sich die Überlebensdauer ohne eine Kapitalerhöhung theoretisch verlängern.

Beispiel: Ein astronomischer Cash-Burn

Virgin Galactic ist ein unprofitables Wachstumsunternehmen, das es sich zum Ziel gemacht hat, den Weltraum touristisch zu erschließen.

Das Unternehmen wies im Jahr 2023, wie auch schon in den Vorjahren, einen signifikanten Cash-Burn auf. Die folgenden Werte sind in Mio. US$ angegeben:

$$CBR(EK) = \frac{505{,}5}{494{,}6} = 1{,}02 \text{ Jahre}$$

$$CBR(LM) = \frac{216{,}8 + 657{,}2}{448{,}2} = 1{,}95 \text{ Jahre}$$

Bei der CBR(EK) wird deutlich, dass innerhalb von ca. einem Jahr erneut Kapitalmaßnahmen zur Verhinderung einer Überschuldung ergriffen werden müssen. Im Jahr 2023 hat das Unternehmen bereits frisches Kapital durch die Ausgaben von Aktien und Wandelanleihen beschafft. Wandelanleihen sind als eine Mischung aus Aktien und Anleihen zu verstehen.

Die liquiden Mittel, die in dem Fall aus kurzfristigen Wertpapieren und dem Kassenbestand bestehen, reichen in Anbetracht des operativen Cashflows für fast zwei Jahre.

Da das Unternehmen nicht vor 2026 damit rechnet, profitabel zu werden, ist bis dahin mit weiteren Kapitalbeschaffungsmaßnahmen zu rechnen.

7.4 Die Price-Earnings-to-Growth-Ratio (PEG-Ratio)

Durch den enormen Einfluss des Wachstums auf die Bewertung eines Unternehmens wird das klassische KGV bei einem ansteigenden Wachstum zunehmend schwächer in seiner Aussagekraft. Aus diesem Grund wird bei solchen Unternehmen häufig die PEG-Ratio zur Bewertungseinschätzung herangezogen, da hierbei das Gewinnwachstum berücksichtigt wird.

Die PEG-Ratio wird durch die Division des KGV durch die Gewinnwachstumsrate berechnet:

$$\text{PEG-Ratio} = \frac{\text{KGV}}{\text{Gewinnwachstumsrate} * 100}$$

Da Prozentangaben in diesem Buch in Kommaschreibweise geschrieben werden, erfolgt hier eine Multiplikation mit 100.

Wenn Sie also ein Unternehmen mit einem KGV von 30 und einem Gewinnwachstum von 20% mittels der PEG-Ratio einschätzen möchten, sähe die Rechnung wie folgt aus:

$$\text{PEG-Ratio} = \frac{30}{0{,}2 * 100} = \frac{30}{20} = 1{,}5$$

Werte unter 1 werden dabei tendenziell als günstig eingestuft, während Werte über 1 als teuer gelten.

Bei der PEG-Ratio wird in der Regel eher das aktuelle beziehungsweise kurzfristige Wachstum herangezogen, da es sich dabei um einen schnell anwendbaren Multiplikator handeln soll.

Beispiel: Teslas PEG-Ratio

Teslas KGV lag am 29.02.2024 bei 42,9, was zunächst wie eine relativ hohe Bewertung wirkt. Wenn wir nun jedoch auf die PEG-Ratio schauen, relativiert sich dieser erste Eindruck. So lag das Gewinnwachstum zwischen 2021 und 2023 bei 64,7% p.a.:

$$\text{PEG-Ratio} = \frac{42{,}9}{0{,}647 * 100} = 0{,}66$$

Angesichts dieses Wachstums wirkt die Bewertung eher günstig. Hier fällt jedoch schon das größte Problem der PEG-Ratio auf. Würde man nur das Gewinnwachstum von 2022 auf 2023 betrachten, so läge dieses bei lediglich 19,3% und die PEG-Ratio damit bei 2,22. Somit ist der Betrachtungszeitraum durchaus ausschlaggebend, wobei das erwartete Wachstum der nächsten Jahre theoretisch am aussagekräftigsten wäre.

7.5 Exkurs: Das Wachstumspotenzial abschätzen

Bei Wachstumsunternehmen ist die Schätzung des zukünftigen Umsatzwachstums umso wichtiger und schwieriger. Um das Umsatzwachstum besser einschätzen zu können, ist es sinnvoll, sich über das Wachstumspotenzial eines Unternehmens im Klaren zu sein. Dazu werden in diesem Kapitel einige Begriffe vorgestellt, anhand derer man sich einen guten Überblick über das Wachstumspotenzial eines Unternehmens verschaffen kann.

Dabei ist anzumerken, dass sich dieses Vorgehen eher auf junge Unternehmen in wachsenden Märkten bezieht.

7.5.1 Die wichtigsten Begriffe

Bei der Ermittlung des Wachstumspotenzials sollten zuvor das Marktvolumen, der Marktanteil, das Marktpotenzial und die Marktsättigung geschätzt werden.

Marktvolumen

Das Marktvolumen beschreibt den Gesamtumsatz auf einem definierten Absatzmarkt während einer Periode. Dieses kann entweder im Internet recherchiert oder durch die Addition der Umsätze der größten Anbieter in dem jeweiligen Segment geschätzt werden, wenn der Markt nicht zu fragmentiert ist.

Das Marktvolumen ist somit sozusagen die Marktgröße und gibt Auskunft darüber, wie viel Nachfrage auf dem jeweiligen Markt bereits durch vorhandenes Angebot bedient wird.

Marktanteil

Der Marktanteil beschreibt den Umsatzanteil eines Unternehmens am Marktvolumen:

$$\text{Marktanteil} = \frac{\text{Unternehmensumsatz}}{\text{Marktvolumen}}$$

Wenn Sie den Marktanteil Ihres Unternehmens kennen, können Sie grob einschätzen, wie groß dessen Stück vom Kuchen ausfällt.

Marktpotenzial

Das Marktpotenzial beschreibt das maximal erzielbare Umsatzvolumen eines Produkts auf einem definierten Absatzmarkt. Damit zeigt die Differenz von Marktvolumen und Marktpotenzial an, wie groß der noch nicht ausgeschöpfte Anteil des Markts ist.

$$\text{Marktpotenzial} - \text{Marktvolumen} = \text{unbefriedigte Nachfrage}$$

Beim Marktpotenzial kann auf externe Schätzungen zurückgegriffen werden. Aber auch eigene Schätzungen können bereits gute Indikationen liefern. So können beispielsweise ähnliche Produkte ein guter Hinweis sein.

Beispiel: Das Marktpotenzial veganer Eier in Deutschland

Lassen Sie uns ein kleines Gedankenexperiment starten: Ein Start-up möchte ein veganes Ei in Schale auf den deutschen Markt bringen. Aktuell sind noch keine vergleichbaren Eier-Alternativen vorhanden.

Ein durchschnittlicher Deutscher verzehrt 230 Eier im Jahr (stand 2023).

Würden alle Deutschen vollständig auf vegane Eier umsteigen, so läge der jährliche Verzehr veganer Eier in Deutschland bei ca. 19,3 Mrd. Stück. Bei einem angenommenen Preis von 40 Cent pro Ei läge das Marktpotenzial somit bei 7,73 Mrd. €.

Nun werden jedoch sicher nicht alle Deutschen auf vegane Eier umsteigen.

Bei veganen beziehungsweise vegetarischen Fleischersatzprodukten können wir beobachten, dass der Anteil dieser Produkte am Gesamtfleischkonsum in Deutschland bei knapp über einem Prozent liegt (stand 2023). Für 2024 wird ein Pro-Kopf-Verbrauch von 0,55 kg bei Fleischersatzprodukten in Deutschland geschätzt, während der aktuelle Pro-Kopf-Fleischkonsum bei 52 kg liegt.

Wenn wir dieses Verhältnis auf unsere veganen Eier übertragen, bedeutet dies, dass ca. 2,3 vegane Eier auf einen durchschnittlichen Deutschen entfallen würden. Multipliziert mit der Einwohnerzahl ergäbe dies einen jährlichen Absatz von 193 Mio. veganen Eiern. Dies entspräche bei einem Stückpreis von 40 Cent einem Marktpotenzial von 77,3 Mio. €.

Da wir mit unserem Start-up der erste Marktteilnehmer wären, verfügten wir in dem Fall über einen Marktanteil von 100%. Da das Marktvolumen bisher bei 0 liegt, entspricht das Marktpotenzial der unbefriedigten Nachfrage.

Marktsättigung

Wenn die bestehende Nachfrage auf einem Markt durch das Angebot vollständig befriedigt wird, gilt dieser als gesättigt. Dies ist der Fall, wenn das Marktvolumen dem Marktpotenzial entspricht.

Im Falle des obigen Beispiels wäre die Marktsättigung der veganen Eier bei einem Marktvolumen von 77,3 Mio. € erreicht, wenn die Nachfrage nicht steigen sollte.

Beispiel: Wann ist der Markt für vegane Eier gesättigt?

Nun erweitern wir das fiktive Beispiel: VegoEgg und VeganEi sind die einzigen beiden Anbieter veganer Eier auf dem deutschen Markt. VegoEgg erzielt einen Umsatz von 20 Mio. € und VeganEi einen Umsatz von 10 Mio. €.

Damit liegt das Marktvolumen bei 30 Mio. €:

$$\text{Marktvolumen} = 20\text{ Mio. €} + 10\text{ Mio. €} = 30\text{ Mio. €}$$

Damit ergeben sich folgende Marktanteile:

$$\text{Marktanteil VegoEgg} = \frac{20}{30} = 66{,}6\%$$

$$\text{Marktanteil VeganEi} = \frac{10}{30} = 33{,}3\%$$

Bei dem im vorangegangenen Beispiel ermittelten Marktpotenzial von 77,3 Mio. € liegt eine unbefriedigte Nachfrage von 47,3 Mio. € bis zur Marktsättigung vor.

7.5.2 Die Herangehensweise

Wenn Sie nun das Wachstumspotenzial eines Unternehmens abschätzen möchten, können Sie sich überlegen, wie groß das Marktpotenzial auf dessen Absatzmärkten ist und wie viel davon bereits durch das vorhandene Marktvolumen bedient wird.

Die noch nicht befriedigte Nachfrage stellt somit das theoretische, kurzfristige Wachstumspotenzial des jeweiligen Markts dar. Hierzu kommt selbstverständlich auch noch eine mögliche Nachfrageveränderung.

Nun sollte abgewogen werden, welchen Anteil dieses Markts sich das jeweilige Unternehmen sichern kann.

Die unbefriedigte Nachfrage auf einem Markt in Kombination mit der Anzahl der Marktteilnehmer, deren Marktanteilen und den jeweiligen Marktpositionen lässt somit grobe Rückschlüsse auf das Wachstumspotenzial eines Unternehmens zu. Aber auch Faktoren wie Produktionskapazitäten sind zu berücksichtigen.

Hinweis

Dieser Exkurs zur Schätzung des Wachstumspotenzials soll nicht der exakten Bestimmung des zukünftigen Wachstums dienen. Das hauptsächliche Ziel ist es hierbei zu verstehen, wann die Wachstumsprognosen des Markts absurde Höhen annehmen und welche Wachstumsraten realistisch sind.

Gedankenspiele wie das vegane Ei sollen Ihnen dabei eine Möglichkeit an die Hand geben, für sich zu überprüfen, welche Umsatzprognosen für ein Unternehmen realistisch sind und wann diese möglicherweise eher von übermäßiger Euphorie getrieben werden.

Kapitel 8

Ausschüttungspolitik und Kapitalmaßnahmen

Auch wenn die Ausschüttungspolitik und Aktionärsstruktur keinen nennenswerten Einfluss auf die Wertschöpfung eines Unternehmens haben, können hieraus Kursschwankungen resultieren. Auch für die strategische Planung des eigenen Portfolios ist es sinnvoll, die wichtigsten Aspekte zu kennen und die Ausschüttungspolitik einordnen zu können. Insbesondere weil viele Aktionäre sehr auf die Dividende fixiert sind, sollten hier einige Missverständnisse ausgeräumt werden.

8.1 Möglichkeiten der Gewinnausschüttung

Wenn Unternehmen Free Cashflows erwirtschaften, können sie diese intern reinvestieren, zur Schuldentilgung nutzen oder an ihre Aktionäre ausschütten. Dies ist sehr branchenabhängig. Unternehmen, die viel in das eigene Wachstum investieren müssen, schütten weniger oder gar nichts aus, während Unternehmen in ausgewachsenen Märkten eher höhere Ausschüttungsquoten aufweisen.

Eine Möglichkeit zur Gewinnausschüttung stellt die **Dividende** dar.

Hierbei erhalten alle Aktionäre einen festgelegten Betrag je Aktie. Teilt man die Dividende je Aktie durch den Aktienkurs, erhält man die Dividendenrendite in Prozent:

$$\text{Dividendenrendite} = \frac{\text{Dividende je Aktie}}{\text{Aktienkurs}}$$

Die Ausschüttungen können jährlich erfolgen oder über das Jahr verteilt sein. Aktionäre haben jedoch keinen Anspruch auf Dividendenzahlungen und diese können bei einer schlechten Wirtschaftslage oder vorhandenem Investitionsbedarf auch vollständig gestrichen werden. Jedoch gibt es einige Unternehmen, wie Coca-Cola, die für ihre Dividendenbeständigkeit bekannt sind. Diese werden als Dividendenaristokraten (25 Jahre Dividendenerhöhung in

Folge) oder Dividendenkönige (50 Jahre Dividendenerhöhung in Folge) bezeichnet.

Die Ausschüttungsquote wird klassisch errechnet, indem man die Dividende mit dem Gewinn ins Verhältnis setzt. Alternativ wird auch der Free Cashflow herangezogen, da dies den Betrag darstellt, der für mögliche Ausschüttungen zur Verfügung steht:

$$\text{Ausschüttungsquote} = \frac{\text{Dividende je Aktie}}{\text{Gewinn oder FCF je Aktie}}$$

Ein Nachteil von Dividendenzahlungen ist, dass auf diese Steuern anfallen. Zudem sollte man nicht dem Irrglauben verfallen, dass Dividenden Wert schaffen und die Aktionäre automatisch reicher machen. Da durch die Dividende ein gewisser Betrag je Aktie das Unternehmen verlässt, fällt der Aktienkurs nach dem Fälligwerden der Dividende in der Regel um denselben Betrag.

Neben den Dividenden existiert auch noch die Möglichkeit der Gewinnausschüttung durch **Aktienrückkäufe**. Hierbei kauft ein Unternehmen seine eigenen Aktien zurück. Dabei verringert sich die Gesamtanzahl der verfügbaren Aktien, was wiederum den Unternehmensanteil je Aktie erhöht. Dadurch werden zukünftige Gewinne und Dividenden auf weniger Aktien aufgeteilt.

Aber auch dies führt nicht zwangsläufig zu einem Kursanstieg, da bei dem Aktienrückkauf ebenfalls Geld das Unternehmen im Austausch für die eigenen Aktien verlässt.

Aktienrückkäufe sind dahin gehend vorteilhafter, dass hierbei keine Steuern anfallen und die Rückkäufe strategisch genutzt werden können. Da ein Unternehmen seine eigene Situation meist besser einschätzen kann als außenstehende Investoren, kann es die Rückkäufe gezielt in Phasen der Unterbewertung durchführen und hierdurch Werte für die Aktionäre schafften.

Die gekauften Aktien werden häufig als Zahlungsmittel bei Übernahmen verwendet oder vernichtet, um die Gesamtanzahl zu senken. Aber auch für Aktienprogramme für die Mitarbeiter können diese verwendet werden.

Angaben zu den Ausschüttungen findet man im Jahresabschluss unter »Cashflow aus Finanzierungstätigkeit«. Im Übrigen werden Aktienrückkäufe nicht als direkte Ausschüttung verstanden und bei der Berechnung der Ausschüttungsquote nicht berücksichtigt.

8.2 Wie sollte eine gute Ausschüttungspolitik aussehen?

Man kann nicht pauschal festlegen, welche Form der Ausschüttung die bessere ist. Dies ist Geschmackssache und hängt von der persönlichen Gewichtung der Vor- und Nachteile ab. Investoren, die auf einen passiven Zahlungsstrom abzielen, werden Dividenden bevorzugen. Zudem haben diese einen positiven psychologischen Effekt auf einige Aktionäre. Der Gedanke der aktienkursunabhängigen Dividendenzahlung erleichtert ihnen das Aushalten von Kursschwankungen.

Anleger, die ihre Kapitalfreibeträge jährlich ausschöpfen und ihre Steuerlast reduzieren möchten, werden vermutlich eher Aktienrückkäufe präferieren.

Objektiv ist es für ein Unternehmen sinnvoll, in Phasen einer niedrigen Bewertung am Aktienmarkt Aktien zurückzukaufen und in Phasen einer höheren Bewertung auf Dividenden als Ausschüttungsform zu setzen.

Bei der Ausschüttungspolitik ist die Form der Ausschüttung jedoch nicht das einzig Wichtige. Vor allem sollte sichergestellt sein, dass die Ausschüttung zur Ertragskraft und Finanzierung des Unternehmens passt. Sollte das Unternehmen hoch verschuldet sein, so wäre eine Ausschüttung in jeglicher Form als negativ zu werten, da der Schuldenabbau Priorität haben sollte. Somit sollten Ausschüttungen auch nicht fremdkapitalfinanziert sein. Ein Warnzeichen hierfür wäre eine dauerhafte Überschreitung der 100%-Marke bei der Ausschüttungsquote.

Auch sollte ein Unternehmen keine übermäßigen Ausschüttungen vornehmen, wenn Investitionsbedarf besteht und dieser Priorität haben sollte. Notwendige Investitionen haben gegenüber Ausschüttungen Vorrang.

Wenn sich die Verschuldung eines Unternehmens in einem akzeptablen Rahmen bewegt und keine Investitionen anstehen, so wäre eine Ausschüttung die richtige Wahl, denn auch das übermäßige Horten von Zahlungsmitteln, ohne diese ausreichend gewinnbringend zu verzinsen, ist als negativ zu werten. Eine erhöhte Liquidität kann zwar phasenweise durchaus sinnvoll sein, um in Krisenzeiten Handlungsspielräume zu schaffen und durch gezielte Investitionen Wettbewerbsvorteile zu erlangen, dennoch sollten erwirtschaftete Gewinne nicht endlos im Unternehmen akkumuliert werden.

8.3 Kapitalerhöhungen und Börsengänge

Unternehmen können Kapital nicht nur an die Aktionäre ausschütten, sie können Kapital auch einsammeln.

Am Anfang jedes börsennotierten Unternehmens steht der **Börsengang**. Dieser wird auch als IPO (**I**nitial **P**ublic **O**ffering) bezeichnet. Hierbei gibt das Unternehmen Aktien aus und erhält im Gegenzug frisches Kapital. Zudem ermöglicht dies den Altaktionären den Handel mit ihren Anteilen.

Das genauere Beschreiben der verschiedenen Variationen von Börsengängen und des Ablaufs dieser würde den Rahmen sprengen und wäre nur bedingt zielführend. Stattdessen soll dieses Kapitel zur Vorsicht mahnen, da Unternehmen bei Börsengängen darauf abzielen, möglichst viel Kapital einzusammeln und entsprechend die Werbetrommel rühren. Die Unternehmen sind meist kleiner, am Markt noch relativ unbekannt und werden zur Erzielung eines guten Preises im besten Licht präsentiert.

Hier ist es wichtig, nicht die Katze im Sack zu kaufen, sondern das Unternehmen im Vorfeld umso genauer zu analysieren.

Aber nicht nur durch Börsengänge kommen Unternehmen an frisches Kapital. Auch die **Kapitalerhöhung** stellt ein Mittel hierzu dar. Diese bedarf in der Regel der Zustimmung durch die Hauptversammlung, also durch die Aktionäre.

Bei der Kapitalerhöhung werden neue Aktien ausgegeben, was die Anteile der Altaktionäre verwässert, da der Anteil je Aktie am Unternehmen abnimmt. Um dies zu verhindern, steht den Altaktionären ein sogenanntes Bezugsrecht zu. Dies ermöglicht den bevorzugten, begünstigten Erwerb der jungen Aktien zur Aufrechterhaltung ihrer Anteilsverhältnisse.

Kapitalerhöhungen sind häufig notwendig, wenn ein Unternehmen in Wachstumsprojekte investieren möchte oder noch unprofitabel wirtschaftet und sich in einer defizitären Wachstumsphase befindet. Auch aus Bonitätsgründen oder zur Senkung des Fremdkapitalanteils und der damit einhergehenden Zinslastsenkung können Kapitalerhöhungen genutzt werden. Zum Abschätzen zukünftiger Kapitalerhöhungen wurde die Cash-Burn-Rate bereits vorgestellt.

Die Börse reagiert häufig, aber nicht zwangsläufig mit Kursverlusten auf Kapitalerhöhungen. Hierbei ist es wichtig, diese nicht per se zu verteufeln. In bestimmten Situationen ist eine Kapitalerhöhung durchaus sinnvoll. Jedoch ist stets darauf zu achten, ob das neu eingenommene Geld vernünftig eingesetzt wird.

8.4 Aktiensplits und Aktienzusammenlegungen

Ein **Aktiensplit** (forward stock split) ist eine Teilung der bestehenden Aktien, ohne dabei das Grundkapital zu verändern. Bei einem Aufteilungsverhältnis von 1:10 würden aus einer bestehenden Aktie zehn neue Aktien werden. Der Unternehmenswert bleibt dabei jedoch unverändert, da der Aktienkurs sich durch denselben Wert teilen würde. Zehn Aktien würden nun den gleichen Unternehmensanteil verbriefen wie zuvor eine Aktie.

Ein Aktiensplit wird für gewöhnlich durchgeführt, um den Erwerb einer Aktie einem breiteren Kreis an Aktionären zugänglich zu machen, insbesondere, wenn der Preis einer einzelnen Aktie infolge von Kursanstiegen vergleichsweise teuer geworden ist. Einige Unternehmen verzichten jedoch auch gezielt auf diese Möglichkeit.

Beispiel: Eine Preisbarriere gegen Spekulationen

Die A-Aktie von Berkshire Hathaway notierte am 26.012024 zu einem Kurs von 530.000 €. Bei der Aktie wurde gezielt auf Aktiensplits verzichtet, um diese vor Spekulationen und einem volatilen Handel zu schützen. Wer nicht genug Geld für den Kauf einer A-Aktie zur Verfügung hat, kann sich auch eine günstigere B-Aktie ohne Stimmrecht und einem anderen Anteilsverhältnis zulegen.

Das Gegenteil eines Aktiensplits wäre eine **Aktienzusammenlegung** (reverse split). Hierbei werden mehrere Aktien in einem bestimmten Zusammenlegungsverhältnis zu einer Aktie zusammengefasst. Dies erfolgt beispielsweise nach Kursverlusten, um zu verhindern, dass eine Aktie zu einem sogenannten »Pennystock« wird. 2013 geschah dies bei der Aktie der Commerzbank.

Pennystocks

Pennystocks sind Aktien mit einem Aktienkurs von unter einem Euro.

Für Sie ist wichtig zu wissen, dass der Unternehmenswert hiervon unberührt bleibt und Sie nach einem Aktiensplit oder einer Zusammenlegung darauf achten müssen, dass Sie Ihre Kennzahlen mit der neuen Anzahl an Aktien berechnen. Auch sollten Sie dies nicht mit einem Kursrücksetzer, also einem gefallenen Aktienkurs, verwechseln.

Kapitel 9
Risikomanagement

»*Wir müssen größere, stärkere Risiken, mit den größten und stärksten Vorsichtsmaßnahmen, auf uns nehmen.*« – Rudyard Kipling

Das Thema Risikomanagement ist eher strategischer Natur und zunächst kein Bestandteil einer einzelnen Unternehmensbewertung. Wenn Sie jedoch Einzelunternehmen analysieren und selektiv investieren möchten, so ist dies ein zentraler Aspekt, der bei der Einzelaktienauswahl beachtet werden sollte.

Ihnen stehen dabei zwei Hauptkonzepte zur Risikominimierung zur Verfügung. Hierbei handelt es sich um das logische Diversifizieren und das sogenannte Konzept der Margin of Safety. Die in diesem Kapitel gewonnenen Erkenntnisse können dabei, wie im Folgekapitel erklärt, zum Vorfiltern möglicher Analysekandidaten genutzt werden.

9.1 Diversifikation

Unter dem Begriff Diversifikation versteht man in diesem Kontext die Risikostreuung innerhalb der Anlageklasse, also die Verteilung des Kapitals auf mehrere Einzelaktien.

Wenn wir uns auf die Analyse von Einzelwerten spezialisiert haben, so beinhaltet unsere Anlagestrategie sowohl ein systemisches als auch ein unsystemisches Risiko. Das systemische Risiko ist hierbei das Gesamtmarktrisiko und betrifft Aktien als Anlageklasse. Das unsystemische Risiko beschreibt hingegen das unternehmensspezifische Risiko. Beim Discounted-Cashflow-Verfahren haben wir dieses unsystemische Risiko mittels des Betafaktors abgebildet, während das systemische Risiko durch den Marktrisikoaufschlag repräsentiert wurde.

Bei einer gezielten Einzelaktienauswahl ist es nicht das Ziel, das unsystemische Risiko vollständig zu eliminieren. Letztendlich wird man als Anleger für das Tragen dieses Risikos in der Theorie durch einen gewissen Renditeaufschlag entschädigt. Ein Diversifikationsgrad auf Höhe des Marktniveaus ginge somit folglich mit der Gesamtmarktrendite einher und würde die Analyse von Einzelaktien überflüssig machen.

Wenn es Ihr Ziel ist, eine Rendite über dem Marktniveau zu erwirtschaften, so bedeutet es jedoch nicht, dass Sie die Diversifikation vollständig vernachlässigen und nur auf ein einziges, günstig bewertetes Unternehmen setzen sollten.

Es ist durchaus sinnvoll, sein Kapital auf mehrere Unternehmen zu verteilen, allein schon, um das Risiko des Totalverlusts weitestgehend zu eliminieren. Zudem können hierdurch einzelne Negativrenditen infolge von nicht absehbaren Entwicklungen oder Analysefehlern kompensiert werden.

Beim Thema Diversifikation geht es jedoch weniger um die Auswahl einer fixen Anzahl von Einzelaktien, sondern eher um die logisch sinnvolle Streuung nach Branchen und Regionen. Ein Portfolio aus 20 Automobilherstellern und Zulieferern wären somit trotz der hohen Anzahl an Einzelaktien schlecht diversifiziert. In dem Fall hätte man eine einzige, sehr konjunkturabhängige Branche im Portfolio und bei Problemen oder Regulierungen der Branche wäre das gesamte Portfolio betroffen.

Auch eine regionale Diversifikation ist wichtig. Man sollte sich nicht auf eine Wirtschaftsregion beschränken. Hierbei ist der sogenannte *Home Bias* ein häufiger Anlegerfehler. Dieser steht für die Neigung, auf Unternehmen aus der eigenen Heimat zu setzen, da diese in der subjektiven Wahrnehmung präsenter sind. Der Home Bias ist theoretisch sogar doppelt gefährlich, da bei einer Krise in der Heimat möglicherweise sowohl das eigene Portfolio als auch das Arbeitsverhältnis oder die eigenen unternehmerischen Tätigkeiten gefährdet wären.

Somit ist festzuhalten, dass die Diversifikation sowohl auf Branchenebene als auch nach Regionen erfolgen sollte. Teilweise wird sogar eine Streuung im Hinblick auf die Unternehmensgröße praktiziert. Ein Verzicht auf diese logische Streuung wäre eine Risikoinkaufnahme, die nicht durch einen adäquaten Renditeaufschlag kompensiert werden würde.

Auch wenn eine gewisse Diversifikation unumgänglich und notwendig ist, sollte man dies als analysierender Investor nicht übertreiben. Ein Portfolio von mehr als 20 Einzelaktien ist schwer zu überblicken und aufgrund des abnehmenden Grenznutzens auch nicht sinnvoll. Durch eine kluge regionale Streuung und die Auswahl nicht miteinander verzahnter Branchen kann sogar schon mit fünf bis zehn Einzelwerten ein ausreichender Diversifikationsgrad erreicht werden.

Somit sollte das Ziel ein ausreichend diversifiziertes und gleichzeitig konzentriertes Portfolio sein, bei dem man sein Kapital logisch streut und die Anzahl der enthaltenen Einzelwerte so gering hält, dass man in der Lage ist, sich mit allen Unternehmen zur Genüge zu befassen. Dadurch lassen sich Überrenditen durch das Auffinden von Unterbewertungen erzielen, ohne dass man allzu große Klumpenrisiken in Kauf nehmen muss.

Die genaue Anzahl ist individuell und kann variieren. Fünf bis maximal 20 Werte sind je nach Analysebereitschaft vertretbar.

9.2 Die Margin of Safety

Das Konzept der Sicherheitsmarge geht auf Benjamin Graham zurück. Hiermit ist der Abstand zwischen dem inneren Wert eines Vermögenswerts und dessen Kaufpreis gemeint. Wenn Sie beispielsweise bei Ihrer Bewertung einen inneren Wert von 15 € je Aktie errechnet haben und diese zu einem Kurs von 10 € notiert, ergibt sich eine Sicherheitsmarge von 5 € bis zur fairen Bewertung bzw. 33,3%. Die Berechnung ergibt sich aus der folgenden Formel:

$$\text{prozentuale Sicherheitsmarge} = 1 - \frac{\text{Aktienkurs}}{\text{innerer Wert je Aktie}}$$

Das Investieren mit einer adäquaten Sicherheitsmarge hat dabei gleich mehrere Vorteile. Primär soll die Sicherheitsmarge zu optimistischen Annahmen, Fehlern bei der Bewertung und möglichen Auswirkungen nicht absehbarer negativer Ereignisse entgegenwirken. Somit kommt der Sicherheitsmarge einerseits eine Schutzfunktion zu.

Andererseits erhöht die Forderung nach einer Mindestunterbewertung bei korrekten Bewertungsannahmen die Endrendite des Anlegers, da diese maßgeblich vom Einstandskurs abhängt. Somit wirkt die Margin of Safety auch renditesteigernd.

Aufgrund dieser risikosenkenden und zudem renditefördernden Eigenschaften sollte bei jeder Investition auf eine ausreichend große Sicherheitsmarge geachtet werden.

Nun stellt sich jedoch die Frage nach der Höhe der Sicherheitsmarge. Ein fixer Prozentsatz ist dabei schwer zu nennen. Die Höhe hängt eher von der individuellen Risikotoleranz des Anlegers und seiner Renditeforderung ab.

Zudem ist auch eine gewisse Abhängigkeit vom Diversifikationsgrad des Portfolios sinnvoll, da ein Portfolio mit wenigen Einzelwerten ein höheres unsystemisches Risiko aufweist als ein breit gestreutes Portfolio und somit im Umkehrschluss durch höhere Sicherheitsmargen abgesichert werden sollte.

Die Anpassung an das Unternehmensrisiko ist dabei theoretisch nicht nötig, da dieses bei der Bewertung bereits durch die Diskontierungsrate abgebildet worden ist.

Graham selbst spricht in seinem Buch übrigens von einer Sicherheitsmarge von mindestens einem Drittel, also 33%, wobei mehr natürlich stets besser ist. So kann bei einem Portfolio mit einem niedrigeren Differenzierungsgrad auch eine Marge mindestens 50% gefordert werden. Hierbei ist jedoch zu bedenken, dass die Forderung nach sehr hohen Sicherheitsmargen auch das Auffinden von Investitionsmöglichkeiten erschwert.

9.3 Handlungsfähigkeit durch Liquidität

In den vorangegangenen Kapiteln wurde bereits angemerkt, dass es für Unternehmen essenziell ist, liquide Mittel vorzuhalten. Jedoch ist auch für Privatanleger ein gewisser Bestand an liquiden Mitteln, die für Investitionen zur Verfügung stehen, relevant. So ermöglichen diese Reserven das Investieren in Krisen und das Nachkaufen zu guten Kursen. Hier ist ein schlaues Liquiditätsmanagement sinnvoll. Dies kann die Gesamtrendite steigern, da man in Krisenzeiten handlungsfähig bleibt.

Die Reserven können dabei in schnell liquidierbaren und sicheren Anlageklassen wie Tagesgeldkonten vorgehalten werden.

Die Liquiditätsquote sollte individuell an den jeweiligen Investor angepasst sein und kann schwanken. So kann diese infolge von Aktienkäufen in Krisenzeiten sinken und zu teureren Marktphasen wieder aufgebaut werden.

9.4 Kaufen in Tranchen

Eine weitere Möglichkeit, das Risiko beim Kauf von Aktien zu minimieren, ist das Kaufen in Tranchen. So kann es sinnvoll sein, nicht mit dem gesamten Zielbetrag auf einmal in ein Unternehmen einzusteigen, sondern in Tranchen einzukaufen. Dies ist besonders in Krisenzeiten sinnig, da nicht bekannt ist, wie weit die Aktienkurse fallen werden. Den perfekten Zeitpunkt erwischt man selten. Auf diese Weise kann man jedoch bei weiteren Kursrücksetzern nachkaufen.

Hierbei sollten die Kaufmarken jedoch im Voraus festgelegt werden. Dabei können sogenannte Limit-Orders helfen. Auch sollte die Anzahl der Tranchen im Vorfeld begrenzt werden.

Kapitel 10

Die praktische Suche, Analyse und Verwaltung

Die Suche nach interessanten Unternehmen und das kleinteilige Errechnen aller notwendigen Kennzahlen wirkt zunächst wie ein mühseliger Prozess. Jedoch gibt es einige praktische Tipps, die dies deutlich vereinfachen können, sodass Sie Ihren Fokus auf die wesentliche Auswertung der relevanten Daten legen können.

10.1 Die Suche

Für das Auffinden interessanter Investitionsmöglichkeiten gibt es mehrere Ansätze. Man kann sich chronologisch durch diverse Indexe arbeiten, auf interessante Alltagsprodukte achten und die dahinterstehenden Unternehmen recherchieren oder gezielt ausgewählte Sektoren und Regionen ins Auge fassen.

Insbesondere das Auswählen von Regionen und Sektoren als Ausgangspunkt für die Suche hat den Vorteil, dass hierbei gezielt ein hoher Diversifikationsgrad erreicht werden kann und man Unternehmen in schwer einschätzbaren Branchen außerhalb des eigenen Kompetenzbereichs im Vorfeld aussortiert. Zudem kann man bei dieser Betrachtung direkt einen Vergleich der Unternehmen innerhalb der Peergroup durchführen.

Aber unabhängig davon, für welchen Ansatz Sie sich letztendlich entscheiden, muss in der Regel eine gewisse Vorauswahl getroffen werden, da schließlich nicht jedes Unternehmen vollumfänglich analysiert werden kann.

Hierzu ist es sinnvoll, gewisse Filterkriterien für sich zu definieren. Dabei können vor allem quantitative Kriterien und Multiplikatoren hilfreich sein. Hierdurch erhält man recht schnell Hinweise bezüglich des Bewertungsniveaus und kann auch eine Schnellbewertung mittels der Wertformel durchführen.

Als mögliche quantitative Kriterien können beispielsweise eine konstante Rentabilität und eine geringe Fremdkapitalquote gewählt werden. Alternativ ist auch das Heranziehen des Piotroski F-Scores möglich.

Auf diese Weise kann man von einem großen Kreis an Unternehmen einen harten Kern bestimmen, der grob den eigenen Kriterien entspricht und anschließend genauer betrachtet werden kann.

10.1.1 Der Piotroski F-Score

Der Piotroski F-Score ist ein von Joseph Piotroski entwickeltes Punktesystem für die Erkennung werthaltiger Unternehmen. Dabei werden neun Qualitätskriterien überprüft, wobei für jedes erfüllte Kriterium ein Punkt vergeben wird. Die Kriterien lauten:

1. Positiver Nettogewinn
2. Positiver operativer Cashflow
3. Anstieg der Gesamtkapitalrendite im Vergleich zum Vorjahr
4. Operativer Cashflow größer als der Nettogewinn
5. Rückgang des Verschuldungsgrades
6. Zunahme der Liquidität 3. Grades
7. Keine Zunahme umlaufender Aktien
8. Verbesserung der Bruttomarge
9. Anstieg des Kapitalumschlags

Je höher die erreichte Punktzahl ist, desto qualitativ hochwertiger soll das Unternehmen im Umkehrschluss sein. Dieser Score ersetzt dabei wohlgemerkt nicht die Analyse des Unternehmens, sondern ist lediglich eine Möglichkeit, ein Vorabscreening eines Unternehmens durchzuführen.

10.1.2 Eine Liste guter, aber teurer Unternehmen

Wenn Sie infolge einer Analyse zu dem Entschluss kommen, dass ein Unternehmen all Ihren qualitativen und quantitativen Ansprüchen genügt, jedoch zu teuer bewertet ist, bedeutet dies nicht, dass die Analyse vergebliche Liebesmüh war.

Sie können für sich eine Art Wunschliste mit interessanten Qualitätsunternehmen erstellen, die Sie zu einem günstigeren Zeitpunkt kaufen können, beispielsweise nach einer Kurskorrektur. Selbstverständlich sollten Sie vorher die aktuellsten Entwicklungen in Ihre Bewertung einfließen lassen und Ihren

Wissensstand aktualisieren. Schließlich muss der Grund für den Kursverfall ermittelt werden.

Da Sie die jeweiligen Unternehmen bereits kennen, ist dies jedoch ein vertretbarer Mehraufwand und ermöglicht ein schnelles Handeln.

10.2 Die Analyse mit Excel

Vor allem bei der quantitativen Analyse und der Bewertung kann Excel eine enorme Hilfe sein. Sie können einmalig eine Vorlage erstellen, sodass Sie zukünftig lediglich die Jahresabschlüsse und Bewertungsannahmen einpflegen müssen und damit auf die aufwendige und fehleranfällige Berechnung jeder einzelnen Kennzahl verzichten können.

Auf diese Weise können Sie Ihre Investitionshypothese schriftlich für sich festhalten. Dadurch haben Sie die Möglichkeit, auch zu einem späteren Zeitpunkt noch auf Ihre eigenen, standardisierten Analysen zurückzugreifen und diese zu erweitern.

Auf der zum Buch gehörenden Webseite befindet sich zudem eine Excel-Vorlage zum freien Download (**www.mitp.de/0823**). Diese ermöglich das Erstellen der gesamten Analyse in einem Dokument und ist so aufgebaut, dass die relevanten Daten der Jahresabschlüsse für die letzten fünf Jahre von der Webseite der Tagesschau/Wirtschaft kopiert und eingefügt werden können. Selbstverständlich ist auch das direkte Übertragen aus den jeweiligen Geschäftsberichten möglich.

Die Vorlage enthält diverse Erklärungen in den dortigen Kommentaren und grafische Visualisierungen.

Damit erhalten Sie sowohl die Möglichkeit, eine eigene Vorlage zu erstellen, was sicherlich eine gute Wiederholungsübung für das Thema wäre, als auch die Option, eine bestehende Vorlage für Ihre Analysen zu nutzen.

10.3 Die Haltedauer

Warren Buffett schrieb in einem Brief an die Aktionäre einst, dass seine bevorzugte Haltedauer ewig sei. Dennoch hat auch Buffett in der Vergangenheit Aktien verkauft.

Was sind nun sinnvolle Gründe dafür, die eigene Beteiligung an einem Unternehmen zu beenden beziehungsweise seine Position ganz oder teilweise zu verkaufen? Private oder strategische Gründe, wie das Portfolio-Rebalancing oder eine Optimierung der Steuerlast, werden bei dieser Betrachtung vernachlässigt.

Hinweis

Durch das gezielte Ausschöpfen der eigenen Steuerfreibeträge und das strategische Verkaufen von Verlusten lässt sich die eigene Steuerlast optimieren.

Portfolio-Rebalancing

Das Portfolio-Rebalancing beschreibt das Ausbalancieren des Portfolios. Dabei werden infolge von Kursanstiegen stark übergewichtete Positionen angepasst, sodass diese keinen zu großen Anteil am Gesamtportfolio ausmachen. Ob die hierdurch anfallenden Steuern die strategischen Vorteile rechtfertigen, ist individuell zu beurteilen.

Was nicht als sinnvoller Grund für den Verkauf einer Aktie genannt werden kann, ist das Erreichen einer bestimmten Gewinn- oder Verlustmarke. Sie sollten sich bei dem Verkauf einer Aktie eher die Frage stellen, ob Sie dieses Unternehmen aus heutiger Sicht zum aktuellen Kurs noch für eine lohnende Investition halten. Bei dieser Betrachtung sollten eigene Kursgewinne oder -verluste keine Rolle spielen.

Wenn Sie dauerhaft von der Entwicklung eines Unternehmens überzeugt sind, so kann auch Ihre Haltedauer »ewig« lauten. Bei langen Haltedauern können Sie maximal vom Zinseszinseffekt profitieren und sowohl Steuern als auch Transaktionskosten sparen.

Dies zeigt, dass es durchaus sinnvoll ist, die eigenen Positionen regelmäßig neu zu bewerten und zu beurteilen, ob diese den eigenen Ansprüchen noch genügen oder mittlerweile aus eigener Sicht überbewertet sein könnten. In einem derartigen Fall kann der Verkauf die richtige Entscheidung sein.

10.4 Denkfehler: Wenn ich jetzt nicht kaufe, war die Analyse umsonst!

Sie sollten sich von dem Gedanken freimachen, dass auf jede Ihrer Analysen eine Investition folgen muss. Wenn Sie viele Unternehmen analysieren, wird sicherlich bei Weitem nicht jedes davon ein unterbewertetes Qualitätsunternehmen sein.

Und nur weil Sie viel Zeit und Aufwand in eine Analyse investiert haben, sollte dies nicht bedeuten, dass Sie das Unternehmen auch kaufen sollten. Die Kaufentscheidung sollte nur von Ihrem Bewertungsergebnis abhängen, niemals von dem Analyseaufwand.

Andernfalls drohen Sie Opfer der »Sunk Cost Fallacy« zu werden. Dies beschreibt die Inkaufnahme zukünftiger Kosten, um vergangene Kosten zu rechtfertigen oder zu kompensieren. In dem Fall werden mögliche zukünftige Kursverluste riskiert oder Renditeeinbußen in Kauf genommen, da man nicht akzeptieren möchte, dass die aufwendige Analyse möglicherweise vergebens gewesen ist.

Um diesem Denkfehler nicht zu erliegen, sollte man sich klarmachen, dass auch solche Analysen bei einem derart aktiven Investitionsansatz dazugehören und unvermeidlich sind. Vergangene Kosten sollten somit akzeptiert und abgeschrieben werden. Ebenso verhält es sich mit Kursverlusten.

Und falls es Sie aufmuntert: Jede Analyse verbessert Ihre Analysefähigkeit und erhöht Ihr Wissen.

10.5 Denkfehler: Investitionsentscheidungen auf Basis zu simpler Rückschlüsse

Da Sie gegenüber dem Markt über keinen Informationsvorsprung verfügen, können Sie diesen nur durch ein rationaleres Verhalten und eine gute Analysefähigkeit schlagen. Aus diesem Grund sollten Sie genau hierauf Ihren Fokus lenken und sich vor vereinfachenden Aussagen, zu simplen Rückschlüssen und festgefahrenen Glaubenssätzen hüten.

Howard Marks, CEO bei Oaktree Capital Management, beschreibt diese Form des analytisch weitreichenderen Denkens als »Second Level Thinking«. Laut ihm wird man, wenn man denkt wie die breite Masse, auch handeln wir die breite Masse und folglich auch dieselben Renditen erzielen wie die breite Masse, was im Umkehrschluss eine Überrendite gegenüber dem Gesamtmarkt ausschließt. Um dies zu verhindern, muss man laut Marks anders denken als der Mainstream. Und genau diesen Denkansatz beschreibt er als Second Level Thinking.

Er hat in einem Vortrag einst selbst ein Beispiel für einen solchen, zu einfach gedachten Rückschluss gegeben. In diesem soll ihm sein Sohn geraten haben, Ford-Aktien zu kaufen, da in Kürze der neue Ford Mustang erscheinen solle und das Unternehmen an dem Wagen vermutlich viel Geld verdienen werde. Marks soll übersetzt geantwortet haben: »Wer weiß das noch nicht?« Schließlich wird jeder, der sich mit dem Unternehmen beschäftigt, über dieses Wissen verfügen und in die eigenen Prognosen einpreisen. Damit stellt dieses Wissen keinen relevanten Wissensvorsprung gegenüber dem Markt dar und sollte nicht die Basis einer Investitionsentscheidung sein.

Nach dem Konzept des Second Level Thinkings sollte an dieser Stelle eher geprüft werden, ob der Markt das Erscheinen des neuen Mustangs zu optimistisch einpreist und ob die Gefahr enttäuschter Erwartungen vielleicht die Chancen übersteigt, womit eher ein Verkauf als ein Kauf ratsam wäre.

Ein weiteres Beispiel für einen zu simpel gedachten Rückschluss wäre: »Das Unternehmen XY wirtschaftet in einem stark wachsenden Markt, also werden die Gewinne vermutlich auch stark steigen. Somit ist das Unternehmen eine interessante Investitionsgelegenheit«.

Wer diese These auf einer höheren Ebene durchdenkt, dem wird schnell klar werden, dass attraktive Märkte stets eine hohe Anziehungskraft auf neue Wettbewerber haben, wenn keine relevanten Markteintrittsbarrieren vorliegen, was sich wiederum negativ auf die Margen auswirken kann. Zudem bergen Trendmärkte die Gefahr der Blasenbildung und es ist nicht klar, welche Unternehmen sich langfristig durchsetzen können. Dies steigert das Risiko der Anlage. Somit müsste für eine fundierte Anlageentscheidung eine umso gründlichere Analyse und Bewertung des jeweiligen Unternehmens erfolgen.

Das Second Level Thinking beschreibt somit in gewisser Weise die möglichst umfassende Betrachtung der Gesamtsituation und die Einbeziehung auch unscheinbarer Faktoren und Wechselwirkungen sowie des Verhaltens der übrigen Akteure neben den offensichtlichen Zusammenhängen. Damit kann diese Fähigkeit, analytisch auf einer übergeordneten Ebene zu denken, für Sie als analysierenden Investor durchaus relevant sein. Schließlich sind die meisten Marktteilnehmer zu einfachen Rückschlüssen in der Lage, was wiederum bedeutet, dass man mit solchen Rückschlüssen keinen analytischen Vorteil haben wird.

Sicherlich kann dieser kurze Exkurs Ihnen nicht ein vollständig neues Denkmuster vermitteln. Er dient eher als Anstoß, die eigenen Entscheidungsfindungsprozesse zu evaluieren, an diesen zu arbeiten und sich nicht von vereinfachenden Rückschlüssen und Mainstreamtrends leiten zu lassen. Nur weil ein Unternehmen beispielsweise an künstlicher Intelligenz oder einem anderen Zukunftsthema forscht, ist es nicht zwangsläufig eine gute Anlageentscheidung, auch wenn dies die allgemeingültige Annahme darstellt.

Stichwortverzeichnis

F

G

H

I